개정4판

Wine is constant proof that God loves us
and loves to see us happy.

Wine
& Sommelier

와인과 소믈리에론

이자윤 저

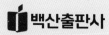 백산출판사

PREFACE

wine

"어떤 와인을 수집했어요?"

"수집이라기엔 보잘 것 없어요. 장식장에 몇 병 정도요. 너무 비싸서요…

그 중에서 가장 아끼는 건 61년산 슈발블랑이요."

"그걸 장식장에 모셔뒀어요?"

"특별한 순간에 마시고 싶었죠."

"61년산 슈발블랑을 따는 그날이 특별한 순간이 될 거예요."

_ 영화 '사이드웨이(Sideways, 2004)'의 마익즈와 마야의 대사

와인 강의를 할 때 가장 많이 받는 질문은 "어떤 와인이 좋은 와인입니까?" 입니다. 이럴 때마다 저의 대답은 항상 같습니다. "마셔서 맛있는 와인이요!"

와인도 음식입니다. 음식의 식재료를 폭넓게 연구하고, 조리법 및 영양학적 지식이 풍부하면 균형 잡힌 식사와 다양한 이야깃거리, 먹는 즐거움을 느낄 수 있는 것이 바로 음식입니다. 음식처럼 와인도 와인에 대한 연구, 포도품종 및 나라별 특징들을 많이 알면 알수록 와인에 대한 태도와 맛이 달라질 것입니다. 그래서 맛있으면, 괜찮은 와인. 맛없으면, 별로인 와인이 제가 갖고 있는 와인의 생각입니다.

와인을 즐기는 대부분의 사람들이 갖고 있는 와인에 대한 생각은 '특별하고, 어렵다' 입니다.

물론 쉽지는 않습니다. 포도품종의 특징, 나라별 특징, 생산지역의 특징, 양조법 등등 공부해야 할 것들이 많습니다. 그러나 와인을 하나의 음식, 하나의 문화라고 인정하고 접근한다면 훨씬 수월할 것이라 생각됩니다. 와인을 시작하고 매해 와인투어를 다니면서 느꼈던 점은 유럽인들은 정말 와인을 생활의 일부라고 생각한다는 점입니다.

본 교재에서는 와인의 기본을 좀 더 쉽게 접근할 수 있도록 구성하였습니다. 와인을 처음 배우는 분들에게 미약하나마 도움이 되었으면 하는 마음에 되도록 쉽게 정리하고자 노력을 많이 했습니다. 또한 본문에 삽입되어 있는 사진은 와인과 처음 만난 2006년부터 매 해마다 와인투어를 다니면서 최대한 자료로 활용할 수 있도록 직접 촬영한 것입니다.

어느덧 개정4판을 준비하게 되었습니다. 항상 많은 도움과 응원을 주시는 백산출판사 모든 분들께 무한한 감사를 드립니다.

더 많은 분들이 와인을 즐기실 수 있도록 노력하겠습니다. 감사합니다.

이자윤

CONTENTS

CHAPTER

1

와인 이야기

wine

1. 와인 이야기

와인의 시작은 인류 문명과 함께 발전되어 왔으며 인류는 자신들이 숭배하는 신들에게 와인을 바쳤고, 죽은 자의 명복을 비는데 사용하기도 했다.

이집트인들은 자신들의 오시리스(Osiris)신에게, 그리스인들은 술의 신인 디오니소스(Dionysos)에게 감사의 뜻으로 와인을 바쳤다. 로마신화에서는 술의 신을 바쿠스(Bacchus)라고 하였다.

프랑스 작가 빅토르 위고(1802~1885)는 신은 인간을 만들었지만, 인간은 와인을 만들었다는 명언을 남김으로써 와인에 대한 무한 애정을 나타낸 작가이다.

과거 특별한 치료제가 없었던 시절 독일에서는 레드와인을 설사, 두통, 우울증 치료제로 사용하였다.

프랑스에서는 와인이 혈소판의 응집을 억제하는 효과가 있어 관상동맥 질환을 예방하고, 사망률을 줄인다는 결과가 발표되면서 다시 한 번 와인은 단순한 음료가 아니라 치료제이면서 생활의 활력소라는 사실을 입증해주었다.

1992년 미국 CBS방송을 통해 프렌치 패러독스(Le Paradoxe Francais)가 발표되면서 미국인들의 와인사랑 시작을 알려주었다.

프렌치 패러독스란 프랑스인들이 버터, 치즈, 육류 등 고지방질과 높은 콜레스테롤을 섭취하는 등 고혈압의 원인이 되는 식생활에도 불구하고 심장질환으로 인한 사망률이 가장 낮은 결과를 분석해보니, 식사 중 꼭 와인 한잔씩을 마시는 식습관이 있는 것으로 확인되었다. 와인에는 항산화 작용을 강화시켜주는 프라보노이드가 함유되어 있어 해로운 콜레스테롤인 저밀도 리포탄(LDL)의 산화를 방지해주며, 레드와인에는 암, 노화 등 각종 질병의 원인이 되는 활성산소를 제거하는 능력을 가지고 있어 심장병 발병을 낮춰주는 효과를 가져온 것이다. 프렌치 패러독스가 발표된 이후 미국에서는 레드와인의 소비가 급증되었다.

덴마크 코펜하겐 심장 연구소의 연구결과에서도 매일 3~5잔의 와인을 마시는 것이 유익하며 더욱 놀라는 사실은 와인 섭취가 많으면 사망률이 떨어진다고 보고되었다.

이처럼 와인은 여러 가지 기능과 역할을 담당하는 음료이다.

그러나 나에게 맞는 와인을 찾고, 식사와 어울리는 와인을 선택하기란 쉽지 않다. 그 이유는 하늘의 별보다 와인이 많다고 할 만큼 수만 가지의 와인이 매해 생산되고 있기 때문이다. 하지만 답이 없는 것은 아니다. 와인의 기본을 알게

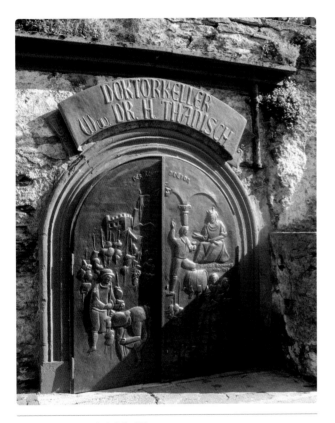

Dr. H. Thanisch 와이너리 입구
독일 모젤강 계곡의 최적지 베른카스텔 마을에 위치한 와이너리로 1360년 트리어 대주교인 배문트(Boemund) 2세가 베른카스텔을 방문했을 당시 일어난 사건을 통해 유명해진 와이너리이다. 배문트 2세가 마을을 방문하던 중 열병에 걸려 쓰러져 유명한 의사들이 모두 동원되었지만, 차도가 없었다. 그때 베른카스텔 마을의 한 농부가 자신의 포도밭에서 만든 와인을 대주교에게 선물하면서, 이 와인이 가장 좋은 약이라 소개하며 권하였다. 다음날 와인을 마시고 완쾌한 대주교는 농부에게 감사의 뜻을 전하고 자신을 낫게 한 신비로운 와인이라 하여 '독터(Doktor)'라 칭하게 되었다. 현재 독일정부가 주관하는 정상회담에 사용되는 것은 물론이고, 독일와인의 자존심을 대표하는 와인으로 인정받고 있다.

되면 와인의 종류와 이름을 알지 못해도 충분히 나에게 맞는 와인을 찾을 수 있기 때문이다.

2. 와인의 역사

과연 인류는 언제부터 포도즙을 발효시켜 마신다는 기막힌 생각을 했을까? 기록에 의하면 고대 바빌로니아로 거슬러 올라간다. 바빌로니아의 폭군 함무라비왕은 포도주 상인이 포도주의 양을 속여 팔면 물속에 처넣었다는 기록이 남아있고, 성경에 의하면 노아가 대홍수 이후 첫 농사를 지은 다음 포도주를 담가 마시고, 대취하였다는 기록이 전해지고 있다.

노아가 농부가 되어
포도원을 만들었더니,
포도주를 마시고
취한지라.
창세기 9장 20~21절

인류 역사에 처음으로 포도경작이 있었던 곳은 흑해 연안의 그루지아(Georgia)이다. 이곳은 코카서스 산맥(러시아연방, 그루지아, 아제르바이잔 경계선에 있는 산맥)과 더불어 티그리스(Tigris)와 유프라테스(Euphrates) 두 강의 하류에 있는 메소포타미아 유역(현재의 이라크와 거의 같은 지역)으로서 바로 인류 문명의 출발지이기도 하다.

와인은 메소포타미아 지역에서 출발하여 본격적으로 전 세계에 전파되기 시작한 것은 로마시대부터였다. 와인을 즐겼던 로마의 지배자들은 프랑스, 스페인, 포르투갈, 독일 등의 식민지에 포도원을 조성하여 좋은 와인 확보에 열을 올렸고, 재배기술을 연구하면서 와인 발전에 크게 공헌하였다.

로마 제국의 멸망 후 포도원은 수 세기 동안 교회의 수도원에 의해 전파되었는데, 당시에는 모든 학문의 중심지였던 수도원의 수도사들에 의한 학문적인 포도재배 기술의 연구는 와인의 개량, 발전에 크게 공헌하였다.

이 같은 포도재배와 와인양조의 기술은 기독교의

그루지아 지도

복음전도 방법으로도 이용되었으며, 국가로부터 면세의 혜택 등 정책적인 배려에 의해 이들 유럽 포도원은 거의 교회의 소유가 되었다. 그러나 1789년 프랑스혁명이 일어나고 그들을 보호하고 있던, 왕권이 무너지면서 교회 소유의 포도원들은 소작인들에게 분할·분배 되었다.

이후 자본가에 의한 포도재배가 시작되어 유럽은 물론 북미지역과 남미지역에까지 와인이 전파되어 오늘날 와인의 명산지로 발전하게 되었던 것이다.

우리나라의 와인 역사는 짧은 편으로 과거에는 일반가정에서 식용포도를 이용해 직접 와인를 담그거나 공장에서 저급와인을 생산한 것이 고작이었다. 국내에서는 1967년에 사과를 원료로 한 '파라다이스'가 등장하면서 최초의 과실주가 시판되었고, 양조 와인으로는 1974년 '노블 포도주'가 생산되었다. 1977년 정통 고급와인인 마주앙이 생산되면서 새로운 장이 열리게 되었다. 1988년 서울올림픽을 기점으로 해외시장이 개방되면서 수입와인이 확산되어 국내 와인시장이 주춤하는 듯 했지만, 끊임없는 노력으로 현재 국내산 와인은 캠벨얼리(Cambell Early), 거봉, MBA(Muscat Bailey A) 등의 품종을 활용하여 생산되고 있다. 특히 청수로 만든 화이트와인은 국제무대에서도 인정을 받으며 생산량이 눈에 띄게 증가하고 있다.

와인을 만드는데 많은 재료가 필요한 것은 아니다. 어떠한 첨가물도 들어가지 않고 포도 하나만으로 와인이 탄생되기 때문에 와인을 신의 물방울이라고 표현한 것인지도 모른다.

그러나 전 세계적으로 대부분의 국가에서 와인을 생산하고 있고, 와인의 주재료인 포도품종은 수천 가지에 해당하며, 포도를 재배하는 방법, 수확하는 방법, 양조하는 방법에 따라 수만 가지의 와인이 생산되기 때문에 와인 찾기의 어려움이 시작된다고 할 수 있다. 또한 각 생산국마다 자국의 언어로 와인 레이블을 표기하기 때문에 암호와 같은 단어들이 나타내는 의미도 알아야 와인을 선택할 수 있기 때문에 총체적 난국에 항상 부딪치게 되는 것이다.

마주앙은 '마주 앉아서 즐긴다'라는 뜻의 우리나라 최초의 와인 이름이다. 우리나라는 양조용 포도가 자라는데 어려움이 있어 프랑스의 메독과 독일의 모젤 등지에서 원액을 가져와 OEM방식으로 와인을 생산하였다. 현재는 롯데주류에서 담당하고 있다.

아기 타다시(Tadashi Agi)의 와인을 소재로 한 일본만화 제목도 '신의 물방울'이다.

그럼 와인은 어떻게 만들어지는가?

와인탄생은 포도재배, 와인양조, 숙성의 삼박자가 필요하다.

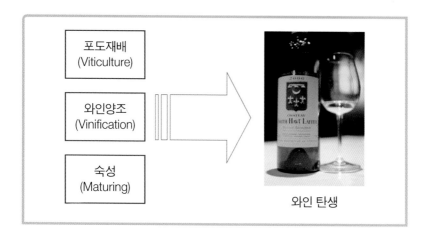

와인 탄생

삼박자를 기본으로 와인이 탄생되지만 모든 와인이 좋은 와인은 아니다.

그럼 와인의 품질을 결정하는 요인은 무엇인가?

바로 떼루아(Terroir), 빈티지(Vintage), 와인메이커의 노하우(Know-how)
라고 할 수 있다.

와인을 만들기 위해
포도를 생산한 연도

3. 와인이란 무엇일까?

와인은 과실주이다. 즉 열매를 발효시켜 만든 주스이다. 예를 들어
사과, 배, 복숭아로 발효된 음료는 모두 와인인 것이다. 또한 우리나라
전통주인 막걸리도 쌀을 발효시킨 음료로, 영어로 표기하면 Rice Wine
이 되는 것이다.

사람들은 비교적 당도가 높은 과일이 가장 좋은 와인이 된다는 것을
경험으로 터득하여 포도로 와인을 만들기 시작하였다. 보다 정확한 표
현으로 신선한 포도나 포도즙을 가지고 알코올 발효를 거쳐 만든 음료
를 와인이라고 하는 것이다.

통상 1리터의 와인을 만들기 위해서는 1.5kg의 포도가 필요하다. 우
리가 일반적으로 마시는 와인 한 병은 750ml로 포도 1kg이 사용된다.

포도에는 수분, 당분, 무기질, 비타민 B, C 등을 함유하고 있다.

와인을 마신다는 것은 포도가 함유하고 있는 다양한 성분도 함께 섭취하는 것으로 설명할 수 있다.

4. 와인의 분류

1) 색상에 의한 분류: 양조방법에 의한 분류

와인을 분류할 때 보이는 색상만을 가지고 레드, 화이트, 로제로 구분하고 있다.

그러나 양조방법에 따라 색상이 다르게 나타나므로 양조방법에 의해 분류된다고 할 수 있다. 예를 들면, 까베르네 소비뇽(레드와인 품종)의 껍질을 제외하고 과육만으로 와인을 양조하면 화이트와인이 만들어진다. 프랑스 상파뉴(Champagne)에서는 샴페인을 양조할 때, 레드와인 품종 중 피노 누아를 반드시 블렌딩하도록 규정하고 있는 것도 예로 설명할 수 있다(만약 피노 누아만으로 샴페인을 양조했다면, Blanc de Noir라고 표기함).

● 레드와인

● 화이트와인

● 로제와인

2) 잔여 가스함량에 의한 분류: CO_2 함량

① 스틸 와인(Still Wine)

미각으로 인지할 수 없는 정도인 1g/L 이하의 탄산가스를 함유하고 있는 비발포성 와인이다. 일반적으로 마시는 대부분의 와인들이 스틸 와인이다.

② 스파클링 와인(Sparkling Wine)

자연 상태의 발효를 통해 CO_2를 형성시켜 3~6기압 정도의 압력을 함유하고 있다. 우리가 일반적으로 샴페인 = Sparkling Wine으로 알고 있지만, 샴페인은 프랑스 상파뉴 지역의 보호 아래 상파뉴 지역에서 생산된 스파클링 와인만 샴페인이라고 지칭할 수 있다. 따라서 프랑스 상파뉴 지역 외 프랑스 다른 지역에서 생산된 스파클링 와인은 다른 명칭을 사용해야 한다.

스파클링와인보다 기압이 낮은 경우 약발포성와인(3기압 이하)이라고 하는데, 이 역시도 생산지역마다 명칭이 다르다. 프랑스에서는 페티앙(Petillant), 이탈리아에서는 프리잔떼(Frizzante), 독일에서는 페를바인(Perlwein)이라고 한다.

표 1-1 ≫ **국가별 스파클링 와인 명칭**

프랑스	상파뉴	샴페인(Champagne)
	그 외 지역	크레망(Crémant), 무쉐(Mousseux)
스페인	까바(Cava)	
이탈리아	스푸만테(Spumante)	
독일	젝트(Sekt)	

3) 기능에 의한 분류

우리나라는 한상차림으로 식사를 하기 때문에 코스요리에 익숙하지 않다. 그러나 서양에서는 에피타이저 → 메인 → 디저트 등의 순서로 코스요리 식사를 한다.

따라서 각 코스에 따라 적절한 와인을 선택하여 식사의 분위기를 원활하게 할 수 있다.

① 식전주: 위에 자극을 주어 입맛을 돋우기 위한 와인으로 주로 산도가 높은 와인을 마신다. 예) 샴페인, 쉐리, 까바 등

② 식중주: 식사 중 메인요리와 함께 마시는 와인으로 메인요리가 생선인지, 고기인지에 따라 요리와 적합한 와인을 선택한다.

③ 식후주: 알코올 도수가 높고 달콤하고 진한 맛의 와인으로 소화를 촉진시킨다. 예) 달콤한 스위트와인, 포트 등

4) 주정강화 와인

일반적으로 대부분 화이트와인 알코올 도수는 11~13도, 레드와인 알코올 도수는 12~15도이다.

그러나 주정강화 와인은 알코올 혹은 당분을 첨가하여 인위적으로 알코올 도수를 17~20도 정도 높인 와인을 말한다.

스페인의 쉐리와인(Sherry Wine)과 포르투갈의 포트와인(Port Wine)이 대표적이다. 그러나 이 두 와인은 양조방법이 달라 맛도 다르고 와인의 용도 역시 다르다. 주정강화 와인의 양조방법은 PART 2에서 공부하기로 한다.

5) 구세계 vs 신세계

구세계와인은 구세계국가에서 생산하는 와인을, 신세계와인은 신세계국가에서 생산하는 와인을 일컫는다.

와인을 구분할 때 포도재배 시기에 따라 구세계와인(Old World Wine)과 신세계와인(New World Wine)으로 나눠진다. 구세계국가는 BC 3~4세기경부터 와인을 생산했으며 대부분 유럽국가들이다. 반면 신세계국가는 그리스와 로마가 종교적 목적 및 세계정복에 의해 영토를 확장하면서 1492년 콜럼버스에 의해 신대륙이 발견된 이후부터 포도재배를 하기 시작했고, 아메리카대륙 및 오세아니아주에 해당하는 국가들이 해당된다.

구세계국가들은 떼루아에 대한 자존심을 걸고 와인을 생산하므로 엄격한 품질관리 통제시스템을 따르고 있다. 신세계국가들은 떼루아보다는 새로운 기술 및 시스템을 도입하여 와인을 생산하고 있다. 구세계국가와 신세계국가는 레이블 표기에서도 차이점을 확인할 수 있다.

표 1-2 »» 구세계 VS 신세계와인 차이점

구분	구세계	신세계
국가	프랑스, 이탈리아, 스페인, 독일 외 대부분의 유럽국가	호주, 뉴질랜드, 캘리포니아, 칠레, 남아공, 아르헨티나
포도재배시기	BC 3~4세기경부터	15세기부터
와인 생산 이유	그리스, 로마의 세계정복에 의한 인프라 형성	신대륙 정복자(종교적 목적)
와인 생산 스타일	엄격한 와인 품질관리 시스템 (AOC)	자유분방하며 느슨한 편
다른 의미의 T	Terroir(떼루아)	Technology(기술력)

자, 그럼 이제부터 와인 여행을 떠나보자.

구세계와인 레이블 프랑스 생떼밀리옹의 Château Beau-Séjour-Bécot 지역 및 등급 등 구세계국가의 자존심이 레이블에서도 느껴진다.

구세계와인 레이블 프랑스 꼬뜨 드 보르도의 Chateau Cru Godard

신세계와인 레이블 남아공의 KANONKOP 단순한 표기로 알아보기 쉽다.

신세계와인 레이블 알파로 린제이 페이지 샤르도네

폴리페놀(Polyphenol)의 효능

포도의 껍질에는 다량의 폴리페놀 성분을 함유하고 있다.

폴리페놀의 효능은 피부에서 진피 내의 콜라겐(Collagen) 생성을 증가시키고 세포 증식을 촉진시킨다. 또한 피부의 진피기질과 단백을 파괴시키는 단백분해효소를 억제하여 피부에 항노화 작용한다. 자외선으로부터 피부를 보호해주고, 미백성분이 포함되어 있어 기미와 주근깨 예방에도 효과적인 것으로 나타났다.

와인의 주성분은 포도이다. 따라서 와인을 즐겨 마시게 되면 동안이 되고, 피부보호에 뛰어난 영향을 나타내는 것으로 볼 수 있다.

출처: 제8차 대한 코스메틱 피부과 학회 발표내용

1. 프렌치 패러독스란 무엇인가?

2. 인류 역사에 처음 등장한 포도밭이 있었던 지역은?

3. 우리나라 와인양조에 사용되는 포도품종은 어떤 것이 있는가?

4. 와인탄생의 삼박자에는 어떤 것이 있는가?

5. 와인 품질을 결정하는 요인은?

6. 와인의 분류에 대해 설명하시오.

7. 국가별 스파클링 와인의 명칭에 대해 설명하시오.

8. 구세계국가와 신세계국가 와인의 차이점에는 어떤 것이 있는가?

9. 폴리페놀의 효능에 대해 설명하시오.

포도의 재배환경
wine

I. Terroir에 대한 이해

포도는 약간의 스트레스가 필요한 과일이다. 식물에게 스트레스가 필요하다는 말은 즉, 수분이 부족해야 한다는 의미와 같다. 포도가 잘 자라는 조건은 토양, 기후, 포도원의 방향, 지형, 고도, 경사면 등의 여러 조건이 갖춰져야 하는데, 특히 포도열매가 익는 시기(7~8월)에는 최소 약 1,500시간의 일조량과 연평균 약 500~900mm 이하의 강수량이 필요하다.

포도나무에 꽃이 피고 난 후, 포도열매가 맺히게 된다.

비가 적게 오는 경우보다 많이 오는 경우가 문제되는데, 비가 많이 오면 과즙이 묽어져 와인의 농도가 흐려지고, 토양에 따라 배수가 잘 안되어 포도나무의 뿌리가 썩는 경우가 발생될 수 있기 때문이다.

이처럼 포도가 잘 자라기 위한 모든 자연적인 조건을 통틀어 떼루아(Terroir)라고 한다. 떼루아는 프랑스어로 개념상의 정의이기 때문에 이해하기에 어려움이 있다.

좁은 의미의 떼루아는 기후와 지형이 같은 지역에서 토양의 차이로 오는 영향을 일컫는다. 보다 실질적으로는 포도에 영향을 미치는 포도밭의 방향, 경사, 기후, 산지자체의 미세 기후(대표적으로 부르고뉴) 등과 같은 요소들의 통합적인 영향을 뜻한다. 따라서 떼루아는 프랑스어는 물

독일 모젤 지역 독일은 날씨가 추워 일조량을 최대한 확보하기 위해 경사도가 매우 가파른 곳에 포도밭이 있다. 떼루아를 적용하고 극복하기 위한 방법이 아닐까?

샤또 디껨(Château d'Yquem)의 포도밭 샤또 디껨은 일반인에게 전혀 공개를 하지 않는다. 심지어 와인을 수입하는 수입사에게도 공개하지 않는데, CAFA의 피에르 선생님이 샤또 디껨의 지인을 동원하여 포도밭과 정원만 허락받았다. 완벽한 떼루아가 무엇인지 보여주는 샤또 디껨

론 영어, 이탈리아어, 스페인어 모두 Terroir로 사용된다.

서늘한 기후에서는 대부분 포도의 껍질이 얇고, 천천히 익기 때문에 열매가 나무에 매달려 있는 기간이 평균보다 조금 길다. 즉, 수확을 천천히 한다. 따라서 향미가 풍부하고 섬세하며, 산도가 높은 와인으로 만들어진다.

액체의 무게감을 '바디'라고 한다.

온난한 기후에서는 포도가 빨리 익기 때문에 당도 높아진다. 당이 높은 포도는 과실의 풍미와 바디감이 매우 풍부하며, 산이 부드러운 와인으로 만들어진다. 이러한 차이로 레드와인의 경우 서늘한 기후에서 만든 와인이 온난한 기후의 와인보다 색깔이 투명하고 밝은 빛을 띠게 된다.

2. 토양의 종류

예를 들어 샤블리지역에서 생산된 와인은 석화굴과 궁합이 매우 잘 맞는다. 그 이유는 부르고뉴 토양 특징에서 자세히 설명하기로 하자. (119페이지 설명 참조)

포도는 토양의 영양분이 열매에 맺히게 되므로, 토양의 종류에 따라 포도에 미치는 영향이 다르다고 할 수 있다. 따라서 토양의 특징을 알고 있는 것은 와인의 맛과 향에 어떤 영향을 미치는지 예상할 수 있으며 나아가 음식과의 궁합에도 도움을 준다.

표 2-1 ››› 토양의 특징

토양의 종류	토양의 특징
충적토	자갈, 모래, 흙 등이 퇴적되어 만들어진 토양 유기물이 풍부하고 배수도 잘되어 매우 비옥한 토양
석회질	칼슘, 마그네슘, 탄소가 풍부하게 함유되어 있으며 높은 산도(pH)를 유지하고 있다. 통기와 배수가 잘되며 우수한 품질의 와인이 생산되는 토양(프랑스 부르고뉴)
백악질	석회암 지질 중 하나로서 옅은 회색토양을 띠며, 지질이 부드러운 알칼리성 토양이라 상대적으로 포도의 산도(pH)를 높여주는 토양(프랑스 상파뉴)
진흙	입자가 작고, 서늘한 특징의 토양(프랑스 생떼밀리옹)
사적토	풍화된 자갈과 토양의 잔해로 이루어졌으며, 경사면의 가장 낮은 지역에 퇴적된 토양
자갈	배수가 좋고 열의 복사력이 매우 크고, 포도재배에 좋은 조건을 갖고 있는 토양(프랑스 메독, 그라브)
화강암	단단하고 미네랄이 풍부한 바위지질로 열의 복사력이 매우 빠르고, 오래 지속되는 특징이 있는 토양(프랑스 론, 남아공)
석회암	탄산을 포함하고 있는 외적토양으로 단단한 지반과 배수가 잘되고, 알칼리성이 풍부하여 산도가 높은 포도를 생산
이회토	점토와 석회질이 섞여 있는 침적토양으로 부드럽고 무른 지층으로 배수가 잘되고 보비력(保肥力)*이 높아 양질의 포도를 생산할 수 있음
침적토	매우 정제된 고운 지질로 모래보다 잘고 진흙보다 거침
점판암	이판암과 점토에서 나오는 딱딱한 형태의 토양으로 열을 유지하고 미네랄향이 많은 포도성장에 적합한 토양(독일 모젤)

*보비력(保肥力): 땅이 비료 성분을 오래 지니는 정도이다.

스페인지역의 토양사진
사진에서 보이는 것처럼 밭마다
떼루와가 조금씩 다르다.

독일 모젤 지역의 토양 - 점판암

프랑스 그라브의 샤또 스미스 오 라피트(Château Smith Haut Lafitte) 와이너리의 토양 - 자갈

남아공 어니엘스(Ernie Els) 와이너리의 토양 - 화강암

프랑스 뽀므롤의 샤또 페트뤼스(Château Pérus) 와이너리의 토양 - 진흙질

1. 포도가 잘 자라기 위한 일조량과 강우량은 어느 정도인가?

2. 떼루아에 대해 정의한다면?

3. 각 토양의 특징에 대해 기억하자.

포도의 이해

wine

1. 포도란?

포도는 암펠리과(Amoelidaceae)에 속하는 넝쿨식물의 열매이다. 포도는 꽃 속에 있는 생식 기관으로 번식되며, 바람이나 동물에 의해 암술과 수술의 수정이 이루어지는 식물이다. 와인양조 사용되는 종은 비티스속(Vitis genus)이며, 이는 다시 유럽종 포도인 비티스 비니페라(Vitis vinifera)와 미국종 포도인 비티스 라부르스카(Vitis labrusca), 비티스 리파리아(Vitis riparia), 비티스 벨란디에리(Vitis berlandieri), 비티스 루페스트리스(Vitis rupestris) 등으로 구분된다.

페로몬 캡슐 간혹 포도밭에 페로몬 캡슐이 걸려있는 모습을 볼 수 있는데, 이는 페로몬향을 분비하여 동물들이 활발히 활동하도록 촉진제 역할을 해준다.

특히 비티스 비니페라(Vitis vinifera, 유럽종 포도)는 향이 섬세하고 양질의 와인을 만드는 가장 훌륭한 포도종으로 각광과 찬사를 받고 있으며, 일반적 와인의 90% 이상이 비티스 비니페라 종의 포도로 만들어진다. 피노 누아(Pinot Noir), 메를로(Merlot), 샤르도네(Chardonnay) 등과 같이 대부분의 포도품종들이 비티스 비니페라에 속한다.

음식을 만들 때 식재료가 신선해야 맛있고 건강한 음식을 만들 수 있듯

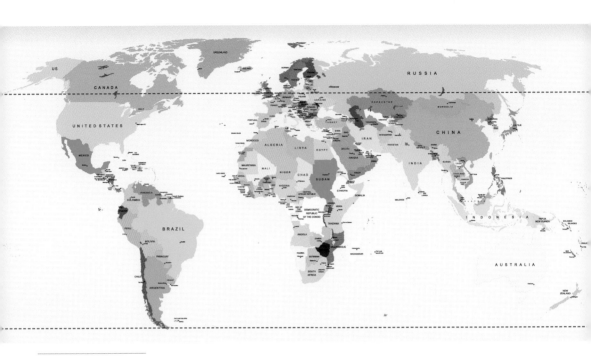

와인벨트

이, 비티스 비니페라종이라 하더라도 수확된 포도가 건강해야 훌륭한 와인을 만들 수 있다. 예를 들어 새가 쪼았거나, 우박에 껍질이 상했거나, 수확하는 과정에서 포도가 상한다면 품질 좋은 와인으로 탄생되기 어렵다.

포도는 북위 50도와 남위 50도 사이의 지역에서 자라게 되는데, 이 경계선을 와인벨트라고 한다. 북위 50도에 걸쳐있는 나라는 독일과 캐나다 등이고, 남위 50도에 걸쳐있는 나라는 칠레와 아르헨티나이다. 그러나 와인벨트에 속해있는 나라라고 하더라도 포도가 자라는 자연조건이 맞아야 재배될 수 있다.

2. 포도의 구조

> 탄닌(Tannin)이란 많은 식물에 널리 분포하고 있으며, 수렴성이 강하고 떫은맛을 가지는 화합물의 총칭을 말한다. 와인, 차(茶), 감 등에서 나는 떫은맛은 모두 탄닌 때문이다.

포도는 가지와 열매로 구분되며 열매는 다시 껍질, 과육, 씨앗으로 구성되어 있다.

포도의 가지에는 많은 탄닌(Tannin)을 함유하고 있어, 와인양조할 때

가지를 넣고 발효하면 와인의 구조와 뼈대를 형성하는 역할을 하게 된다. 따라서 탄닌이 풍부한 스타일의 와인을 양조할 때 가지도 함께 발효탱크에 넣는 경우도 있다.

껍질에는 와인의 색을 결정하는 색소가 포함되어 있는데, 레드와인 품종에는 안토시안(anthocyan)이라는 붉은 색소가, 화이트와인 품종에는 플라본(flavone)이라는 옅은 노란색 색소를 포함하고 있다. 특히 안토시안에는 폴리페놀(polyphenol) 성분이 다량 함유되어 있어 노화방지에 뛰어난 효과를 보이고 있다.

포도의 구조
- 가지
- 열매 ┌ 껍질
      ├ 과육
      └ 씨앗

과육은 포도송이의 가장 중요한 부분으로 물이 70~80%를 차지하고 있으며, 그 외에 당분, 유기산, 무기산염, 질소성분(효모의 영양분), 비타민 C, 비타민 B, 미네랄 등의 성분을 포함하고 있다.

씨앗에는 탄닌과 기름성분을 포함하고 있는데, 와인양조 시 씨앗이 함께 양조되면 쓴맛을 나타내게 되므로 씨앗은 와인양조할 때 되도록 제외하는 것이 대부분이다.

3. 포도나무

포도나무는 심은 지 약 3년 정도 되면 열매가 열리기 시작하여 4~6년 된 포도나무에서 수확한 포도부터 와인을 양조하기 시작한다. 포도나무의 수명은 약 80년 정도이나 100년 이상된 나무에서도 포도가 수확되기도 한다.

특히 프랑스와인 중 Vieilles Vignes(비에 빈: 오래된 포도나무)라고 표기된 와인은 35년 이상된 포도나무에서 수확한 포도로 와인을 양조했을 때 레이블에 표기한다. 특별히 레이블에 표기하는 이유는 대부분의 재배자들이 포도나무 수명이 25년이 넘으면 수확량이 떨어지기 때문에 포도나무를 뽑아버린다. 따라서 35년 이상된 포도나무에서 수확한 포도로 양조한 와인에는 특별히 Vieilles Vignes라고 표기하여 와인품질을 간접적으로 나타내는 것이다.

이처럼 오래된 나무에서 포도를 계속 수확하려면 끊임없이 관리를 해야 한다. 특히 포도원을 재정비하는 것은 포도수확이 끝나면서부터 시작하게 된다. 프랑스 남부지방의 경우 보통 8월부터 수확을 시작하고 프랑스 북부지방의 알자스는 11월 무렵까지 수확한다. 남반구 국가들은 2월쯤에 수확하고 있다. 수확 시기는 날씨에 따라 변동되기도 한다.

포도원의 재배 사이클은 다음과 같다.

표 3-1 》》 포도원의 재배 사이클

시기	작업내용
10월	- 포도 수확이 끝남 - 새로운 묘목을 심기 위해서 포도밭의 토양을 정비 - 더 이상 수확이 없는 포도나무는 뽑아냄
11월 & 12월	- 가지치기 준비 - 잘라낸 가지 태우거나 잘게 자르기 - 겨울철 서리 혹은 상해를 예방하기 위해 흙으로 나무 밑동 돋워주는 작업 실시 - 나무는 동면상태에 들어감
1월 & 2월	- 겨울철 가지치기 시작 - 가지를 제어하고 교정(고블렛, 기요 방식 등)
3월	- 거름주기 : 포도나무 생장에 필요한 영양분 공급 - 가지치기 마무리 - 접목
4월	- 11월에 실시했던 나무 밑동을 흙으로 돋워줬던 작업의 반대로, 밑동을 덮고 있던 흙을 파헤쳐줌 - 가지 묶기 - 잡초제거 - 묘목 옮겨심기
5월	- 병충해 방제 작업 - 새순 제거 - 제멋대로 뻗은 줄기 및 늘어난 어린 가지를 와이어에 묶음
6월	- 가지 올리기 - 버팀줄 묶기 : 더 굵어진 가지를 수평 와이어에 묶음 - 포도나무에 꽃이 피고, 열매 맺기 시작
7월	- 여름 가지치기 시작 - 좋지 않은 포도송이 솎아내기
8월	- 불필요한 포도잎 제거(캐노피 시스템) - 다양한 관리 작업(와인양조 준비작업)
9월	- 양조 도구 준비 - 포도의 당도검사 - 포도수확

포도의 당도는 브릭스(Brix)라는 단위로 측정한다. 대부분의 유럽국가에서는 보메(Baume), 독일에서는 오슬레(Oechsle)라고 한다. 일반적으로 포도의 브릭스가 20~25 정도 되면 수확이 가능하다.

특히 11월부터 시작하는 가지치기는 수확하기 직전까지 실시한다. 포도나무는 재배하는 사람이 계절에 따라 어떻게 가지를 자르고(pruning) 어떤 모양으로 가지를 정리하는지(training)에 따라 자라는 모습이 다르다. 적절한 시기에 잘 관리된 포도나무에서는 훌륭한 포도가 수확되어 명품와인이 되는 가장 최고의 방법이다. 따라서 포도나무를 잘 관리하기 위한 방법은 다음과 같다.

포도나무 꽃 포도 나무에 꽃이 피고 난 후 열매가 맺기 시작한다.

1) 겨울철 가지치기(pruning)

다음 해 포도수확을 위해 포도밭을 정비하는 과정이다. 가지치기를 함으로써 새롭게 자라게 될 새싹(Shoots)을 선택하는 것이다. 선택된 새싹에서 포도열매가 자라나게 된다.

2) 여름철 가지치기(pruning)

포도나무가 지니고 있는 모든 에너지가 열매를 맺는 데 집중될 수 있도록 넝쿨의 생장활동을 제한하기 위해 가지치기를 실시한다.

포도넝쿨 잎으로 태양의 방향에 따라 생기는 차양을 조절하고, 포도를 햇빛 및 통풍에 적절히 노출시켜 곰팡이 등의 피해로부터 보호하기 위한 방법으로 가지치기를 실시하는데, 이를 캐노피 시스템(Canopy system)이라고 한다. 즉 햇빛을 받은 포도송이는 잘 익지만 나뭇잎이나 포도원의 방향에 의해 햇빛을 충분히 받지 못한 포도송이는 잘 익지 못하기 때문에 적절한 캐노피 시스템으로 포도송이가 골고루 익을 수 있도록 도와주게 된다.

그 외에도 포도나무를 정돈하여 재배기 및 수확기 작업을 수월하게 하기 위해 가지치기를 실시하기도 한다.

프랑스 소떼른의 샤또 뤼이섹 (Ch. Rieussec) 포도밭
뤼이섹의 와인메이커는 매일 아침 포도잎을 잘라주고, 덮어주면서 포도가 골고루 익을 수 있도록 캐노피 시스템을 활용하고 있다고 설명했다.

3) 트레이닝(training)

트레이닝의 목적은 잎과 열매를 잘 배치하여 보다 효과적으로 포도를 재배하고자 한다. 트레이닝의 방법도 여러 가지가 있지만 대표적으로 고블렛과 기요 방식을 대표적으로 사용한다.

고블렛(Goblet) 방식

① 부쉬트레이닝 혹은 고블렛(Goblet): 나무에 짧은 지지대를 대어 위쪽 부분에서 2~4개 정도의 돌출부(Spur)를 그대로 수직으로 길러 가는 방식이다. 대표적으로 프랑스의 보졸레와 론, 스페인의 리오하, 호주의 오랜 포도밭에서 실시하고 있다.

② 교체 줄기(Cane: 줄기)시스템, 기요 방식(Guyot): 줄기 한 개와 돌출부(Spur) 한 개를 남기는 싱글 기요 방식과 줄기와 돌출부(Spur)를 두 개씩 남기는 더블 기요방식이 있다. 교체줄기 방식은 생산성은 낮지만, 열매의 영양 집중도는 매우 높은 것이 특징이다. 주로 프랑스의 보르도 및 부르고뉴에서 많이 사용하는 방식이다.

4) 서리예방법

기요(Guyot) 방식

포도나무에 영향을 미치는 중요한 기후의 문제 중 하나가 바로 서리이다. 일반적으로 서리가 내려도 포도는 살 수 있지만, 심한 서리는 포도나무가 죽을 수도 있다. 특히 포도의 새싹이 난 후에 내리는 봄철 서리는 매우 치명적이다. 서리를 예방하는 방법은 다음과 같다.

① 연기피우기: 포도밭에 연기를 피워 주변 공기를 따뜻하게 하는 방법
② 스프링쿨러: 미리 포도밭에 물을 뿌려 서리가 내렸을 때 보호막을 할 수 있도록 하는 방법
③ 윈드머신: 바람기계 등을 이용하여 송풍하는 방법

미국 캘리포니아의 관개시설

남아공 어니엘스(Ernie Els) 와이너리의
관개시설

5) 관개법 및 관개시설

  강수량이 많이 부족한 경우 포도밭에 물을 주는 방법이다. 일반적으
로 구세계국가에서는 금지하고 신세계국가에서만 허용하고 있다. 구세
계국가들은 떼루아를 강조하기 때문에 자연에 인위적으로 어떤 영향도
가하지 않고 포도를 재배하고, 와인을 만들고자 한다. 그러나 신세계국
가들은 포도재배 환경의 단점을 기술력으로 극복하고자 하는 의지가
강하기 때문에 관개시설을 적극 활용한다. 또한 신세계국가들은 관개시
설을 할 때 어떤 물을 사용했는지를 강조하며 마케팅에 전략적으로 사
용 한다.

구세계국가 중 스페인
일부지역에서만
관개시설을 부분적으로
허용하고 있다.

예를 들어, 칠레 및
아르헨티나의 경우
안데스 산맥의 물을
관개 시설에 사용하면서
청정지역을 마케팅에
활용

4. 포도밭의 병충해

**프랑스 소떼른 샤또 뤼이섹
(Ch. Rieussec) 포도밭**
대부분 포도밭에는
장미가 심어져 있다.
미관상의 이유도 있겠지만,
장미가 병충해에 매우
취약한 식물이라 장미를
심음으로써 병충해를
예방하는 목적이 있다.

포도밭에서 일어나는 문제들은 여러 가지 병에 감염되는 것과 해충 및 동물의 피해를 받는 것이다. 따라서 적절한 시기에 대응하지 않으면 포도나무 전체를 모두 뽑아내야 하는 아픔을 겪어야만 한다. 그래서 포도나무 앞에 장미나무를 심는 광경을 자주 볼 수 있다. 미관상의 이유로 장미나무를 심는 것이 아니라 장미나무가 병충해에 약하기 때문에 감염된 것을 미리 확인하면 포도나무에 더 이상 감염되지 않도록 예방이 가능하기 때문이다. 포도밭에 감염될 수 있는 질병과 해충 및 동물의 피해 종류와 예방은 다음과 같다.

1) 필록세라(Phylloxera)

포도나무에 감염되는 병충해는 여러 가지 종류가 있는데, 그중에서도 필록세라는 가장 강력하고 와인산업에 다양한 변화를 초래한 병충해로 특히 1800년대에 가장 심했었다. 필록세라는 포도나무 뿌리에 기생하여 포도나무를 피폐화시키는 병충해로 심한 경우 포도나무를 모두 뽑아야 한다.

필록세라는 특히 비티스 비니페라종에 잘 나타나는 병충해로 대부분 비티스 비니페라종을 재배하는 지역에서는 필록세라를 피해갈 수 없었을 것이다.

대표적 와인산지인 프랑스 보르도에서는 1869년부터 1895년 동안 필록세라의 피해로 인해 포도나무 대부분을 모두 뽑아버려 와인산업 전체가 폐허가 되는 타격을 입었었다. 그 당시 일자리를 잃은 와인산업관련 종사자들(농부, 와인메이커, 와인상인 등)은 신세계 국가로 이동하여 신세계 국가의 와인산업 발전에 기여를 하게 되었다.

필록세라의 해결방법을 찾던 중 비티스 라부르스카가 필록세라의 면역성을 갖고 있다는 사실을 알아냈다. 결국 뿌리에 비티스 라부르스카를 접목하는 방법으로 포도밭은 복구되었지만 엄청난 피해를 입은 생산국은 한 동안 와인산업에 많은 타격을 입었었다.

날씨가 매우 뜨겁고 건조한 지역인 스페인, 칠레, 아르헨티나 등은 필록세라의 피해를 입지 않은 나라이다.

2) 밀듀 곰팡이(Mildew)

① 가루곰팡이균: 포도나무의 초록색 부분에서 흰색 가루모양의 포자로 자라고, 축축한 환경보다는 따뜻하고 그늘진 곳을 좋아한다.

② 노균병: 필록세라에 이어 19세기 동안 미국과 유럽의 포도밭에 세 번째로 큰 피해를 준 질병이다. 습한 곳을 좋아하는데, 노균병에 감염되면 포도나무가 썩는다.

3) 나방

봄철에는 싹을 공격하지만 이후에는 포도 열매에 직접적인 해를 준다.

4) 레드스파이더 진드기와 옐로우스파이더 진드기

고온 건조한 날씨에 가장 성행하는 병충해이다.

5) 선충류

미세한 벌레로 포도나무의 뿌리를 공격하므로 예방이 가장 최선책이다.

6) 질병

포도나무가 특정 병에 걸리지 않게 하기 위해서는 포도재배 시기에 예방용 약품을 살포한다.

7) 새와 동물

포도열매를 쪼아 먹어 포도수확의 직접적인 피해를 준다.

8) 롯(Rot)

청포도 품종 중
세미용(Sémillon)이
귀부병에 가장 잘 걸린다.

곰팡이성 질병으로 습기와 물기가 있는 곳에서 발생하며 청포도 보다는 적포도에 더 많은 문제를 일으킨다. 보트리티스 씨네리아(Botrytis Cinerea, 혹은 Noble Rot: 귀부병)이라 불리는 곰팡이균은 습한 아침과 건조한 오후라는 환경에서 귀부현상을 만들며 훌륭한 스위트와인을 생산할 수 있는 포도를 만드는 이로운 곰팡이균이라고 할 수 있다. 보트리티스가 포도의 수분을 빨아먹음으로써 포도의 당분만 남아 건포도 상태가 됨으로써 독특한 향이 가미된다. 귀부병으로 생산된 스위트와인의 대표적인 와인은 프랑스의 소떼른(Sauternes), 독일의 베렌아우스레제(Beerenauslese), 트로켄베렌아우스레제(Trockenbeerenauslese), 헝가리의 토카이(Tokaji) 등이다.

수확하기 전 나무에 달려있는
귀부병에 걸린 포도

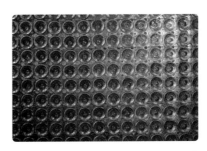

프랑스 소떼른의 귀부포도로 생산된 와인은
모두 황금색이다.

샤또 꾸떼
(Château Coutet)
소떼른 지역의 프리미에 크뤼

귀부병이 걸려 수확된 포도

프랑스 소떼른의 끌로 오 페라게(Clos Haut
Peyraguey) 와인메이커

1. 포도의 구조에 대해 설명하시오.

2. 레드와인 품종과 화이트와인 품종의 색소이름은 각각 무엇인가?

3. Vieilles Vignes은 무슨 뜻인가?

4. 트레이닝의 방법 중 고블렛과 기요 방식에 대해 각각 설명하시오.

5. 관개법이란?

6. 필록세라는 무엇인가?

7. 보트리티스는 무엇인가?

8. 귀부현상에 대해 설명하시오.

포도품종의 종류
wine

포도품종이 무엇인지에 따라 포도의 재배는 물론 와인양조, 와인숙성 등 훌륭한 와인을 만들기 위한 조건들이 달라진다. 따라서 포도품종의 특징에 대해 익히는 것이 소믈리에가 되는 첫걸음이라고 할 수 있다.

레드와인 품종으로 레드와인을 양조하는 것이 기본이다. 그러나 와인의 분류에서도 공부했듯이, 스파클링 와인의 경우 레드와인 품종으로 화이트와인도 양조가 가능하다. 레드와인 품종으로 스파클링(화이트)와인을 양조하는 경우 Blanc de Noir라고 한다.

참고로 화이트와인 품종으로만 스파클링(화이트)와인을 양조하는 경우는 Blanc de Blanc이라고 한다.

Blanc은 프랑스어로 흰색이라는 뜻이며, Noir는 검은색이라는 뜻이다.

포도밭 전경

샤또 무통 로칠드(Château Mouton-Rothschild) 포도밭의 까베르네 프랑(cabernet franc)

I. 레드와인 포도품종

1) 까베르네 소비뇽(Cabernet Sauvignon)

레드와인을 만드는 대표적인 품종으로 원래 보르도 메독(Médoc) 지역의 전통적인 품종이지만 신세계 전역에서 폭넓게 재배되고 있다. 까베르네 프랑과 소비뇽 블랑의 접목을 통해 탄생된 포도품종으로 레드와인 품종 중 어디서나 잘 자라는 가장 잡초 같은 품종으로 설명할 수 있다. 또한 가장 훌륭한 명품와인을 만들 수 있는 품종이기도 하다. 까베르네 소비뇽의 최적의 재배지는 프랑스 보르도, 미국의 나파밸리, 칠레이다.

까베르네 소비뇽은 껍질이 매우 두껍다. 두꺼운 껍질 때문에 포도열매가 익기까지 시간이 걸리는 만생종이며, 깊고 진한 색상과 풍부한 탄닌을 주며, 블랙커런트, 체리, 자두향을 느낄 수 있다.

오크통 숙성을 통해 놀라운 장기 숙성 능력과 복합미를 배가시킨다.

껍질에는 탄닌이 매우 풍부하다.

만생종(晚生種)이란 생육기간이 길고 성숙 및 수확기가 늦은 품종을 말한다.

2) 메를로(Merlot)

보르도에서 생산되는 대표적인 두 가지 품종 중 하나로, 종종 까베르네 소비뇽과 블렌딩된다. 그러나 프랑스 보르도 우안에 해당하는 생떼밀리옹(Saint-Émilion)과 뽀므롤(Pomerol)에서는 주품종으로 사용하고 있다.

메를로는 부드러운 탄닌과 함께 부담 없이 쉽게 마실 수 있는 와인을 만드는 데 적격이다. 즉, 부드러운 와인 스타일을 대표하는 고급품종이다.

메를로는 까베르네 소비뇽에 비해 껍질이 매우 얇다. 껍질이 얇기 때문에 포도가 일찍 익으며, 탄닌이 매우 부드럽다. 또한 당도가 매우 높아 와인을 양조했을 때 알코올 도수가 조금 높게 나오기도 한다. 보르도에서는 메를로(조생종)을 먼저 수확하고, 15일 정도 후 까베르네 소비뇽(만생종)을 수확한다. 대표적인 재배지역은 프랑스 보르도, 캘리포니아의 나파밸리이다.

보르도는 지롱드강을 중심으로 좌안과 우안으로 구분된다.

조생종(무生種)이란 표준보다 일찍 꽃이 피고 성숙하는 품종을 말한다.

3) 까베르네 프랑(Cabernet Franc)

까베르네 소비뇽 품종을 탄생시킨 포도품종으로써 까베르네 소비뇽과 비슷한 특징을 지니고 있다. 그러나 까베르네 소비뇽보다 탄닌은 부드러우며 과실향이 더 풍부하다. 보르도에서 까베르네 프랑을 블렌딩하여 와인을 양조하는 이유는 블랙베리와 블랙커런트 등의 과실향을 좀 더 풍부하게 하고자 할 때이다. 대표적인 재배지역은 프랑스 보르도와 루아르이다. 특히 루아르의 와인은 부드러우면서 향이 풍부한 까베르네 프랑의 특징을 매우 잘 나타내고 있다.

4) 말벡(Malbec)

말벡의 원산지는 까오르(Cahors)인데, 지역별로 부르는 명칭이 조금 다르다. 보르도에서는 말벡이지만, 까오르에서는 오쎄르와(Auxerrois), 뚜렌느(Touraine)에서는 꼬(Cot)라고 불리는 품종이다. 보르도에서는 인기를 크게 끌지 못하다가 아르헨티나에서 최고의 품종으로 평가를 받으면서 전 세계적으로 주목받고 있다. 보르도에서는 약 2% 미만 정도 블렌딩되며 까베르네 소비뇽의 힘을 부드럽게 하는 역할을 한다. 그러나 요즘은 블렌딩 비율을 점차 줄이고 혹은 블렌딩을 전혀 하지 않고 있다. 그 이유는 말벡의 특징이 어릴 때(young)는 탄닌과 향이 매우 풍부하지만, 숙성될수록 산도가 높아져 와인의 구조를 깨뜨리는 영향을 미치게 때문이다. 대표적 재배지역은 칠레, 남아공, 아르헨티나 등 신세계지역으로 재배면적을 확대하고 있고, 특히 아르헨티나에서는 국가대표 품종으로 육성하고 있다.

와인에서 "Young"의 의미는 숙성이 덜 되었다는 뜻이다.

5) 쁘띠 베르도(Petit Verdot)

메독에서만 사용되는 품종으로 블렌딩 비율은 대략 3~5% 내외로 낮지만, 와인의 골격(Structure)을 형성하는데 도움을 준다. 탄닌은 까베르네 소비뇽보다 적다. 당분을 농축시키므로 알코올 도수가 높게 나온다.

6) 피노 누아(Pinot Noir)

원래 부르고뉴가 원산지이며, 이 품종으로 인해 부르고뉴는 고급 레드와인 산지로 각광을 받게 되었다. 감각적이며 향이 풍부하고 부드러우면서 야생성을 가지고 있는 매력적인 와인을 만든다. 피노 누아는 재배하기가 매우 까다로워 다른 품종들이 잘 자라지 못하는 서늘한 기후대를 선호한다.

로마네 꽁띠(Romanee-Conti), 샹베르땡(Chambertin) 등의 특급와인들이 모두 피노 누아로 생산된 와인이다. 상파뉴에서는 스파클링 와인의 주 품종으로 사용된다.

대표적 재배지역은 프랑스 부르고뉴이며, 최근에는 캘리포니아, 오리건, 뉴질랜드 등으로 재배지역이 점차 확대되고 있다.

7) 시라/쉬라즈(Syrah/Shiraz)

프랑스 북부론(Rhône)의 대표적인 품종이자 남부론에서 블렌딩 시 매우 중요한 위치를 차지하고 있어 점차 생산이 늘고 있는 추세이다. 특히 호주에서 가장 많이 재배되고 있으며 호주의 대표적인 품종으로 자리매김하고 있다. 또한 호주에서 까베르네 소비뇽과 블렌딩되어 묵직하면서도 품질이 뛰어난 레드와인으로 만들어지고 있다. 전통적인 시라는 색이 매우 짙고 블랙베리향이 난다(일반적인 레드와인이 핏빛 혹은 진한 루비색이라면 시라는 적보라색이 난다).

척박한 토양과 덥고 건조한 기후를 선호한다. 진하고 선명한 적보랏빛 색상이 일품이며, 오크 숙성을 한 고급와인은 장기 보관 능력까지 가지고 있다.

8) 갸메(Gamay)

매년 11월 셋째 목요일에 출시되는 "보졸레 누보(Beaujolais nouveau)" 때문에 유명해진 품종이다. 프랑스 보졸레의 토양과 찰떡궁합 품종이다. 루비색에 과실향이 풍부한 품종이다.

9) 네비올로(Nebbiolo)

이탈리아 북서부의 대표 품종이다(특히 피에몬테 지역에 한정되어 있다). 색상이 그리 진한 편은 아니지만 탄닌이 많고 강하며, 깊은 향의 풍미가 뛰어나다. 이 품종으로 만든 최고의 와인은 파워풀한 바롤로(Barolo)와 부드러운 바르바레스코(Barbaresco)이다. 이들은 구조가 잘 잡힌 와인으로, 이탈리아의 전통적인 스타일의 와인을 대변한다.

전형적인 네비올로 품종으로 만든 와인은 매우 높은 알코올과 높은 산도, 풍부하고 섬세한 결이 있는, 그러나 매우 드라이한 탄닌을 가지고 있으며, 색상은 진하지 않아서(껍질에 색소가 많지 않다) 몇 년 만 지나면 곧 벽돌 빛의 색조로 발전한다.

10) 산지오베제(Sangiovese)

이탈리아 토스카나의 주력 품종이다. 높은 산도와 풍요로운 과실향으로 오래 전부터 이탈리아를 대표하는 품종으로 자리잡고 있다. 특히 까베르네 소비뇽과 블렌딩하여 이른바 '슈퍼 투스칸(Super Tuscan)'을 만들기도 한다. 전형적인 산지오베제는 산딸기, 먼지 향 등이 풍부하게 나타난다.

부드러운 끼안띠(Chianti) 와인과 보다 견고한 브루넬로 디 몬탈치노(Brunello di Montalcino), 비노 노빌레 디 몬테풀치아노(Vino Nobile di Montepulciano) 등의 고가 와인을 만든다.

슈퍼 투스칸; 146페이지 설명 참조

11) 뗌프라니요(Tempranillo)

스페인을 대표하는 품종으로, 스페인 북부지방에서 광범위하게 재배되고 있다. 뗌프라니요는 열매가 빨리 익으며 백악질 토양에서 잘 자란다. 리베라 델 두에로(Rivera del Duero)와 리오하(Rioja)에서 최고의 레드 와인을 만드는 품종으로 인정받고 있다.

12) 그르나슈/가르나차(Grenache/Garnacha)

스페인이 원산지인 가르나차 품종은 짙은 색상과 높은 알코올, 낮은 산도가 특징이다. 교황이 스페인에서 가르나차 품종에 반해 프랑스 아비놓으로 도입하여 남부론에서는 그르나슈로 자리를 잡았다(교황청이 아비놓에 있다). 프랑스 남부론에서는 그르나슈를 기본으로 시라, 무르베드르 등을 블렌딩하여 우아하고 향기로운 와인을 만들고 있다.

13) 진판델(Zinfandel)

캘리포니아 전 지역에 재배되는 품종으로 미국의 특징을 느낄 수 있는 포도품종이지만 원래 진판델은 이탈리아의 프리미티보(Primitivo)가 미국으로 건너가 정착된 포도품종이다. 진판델은 적당한 산도와 잘 익었을 경우 산딸기와 블랙베리, 장미향 등 과일과 꽃향이 풍부한 포도품종이다.

14) 피노타지(Pinotage)

피노 누아와 쌩쏘(Cinsaut)를 교배한 남아공 품종이다. 피노타지는 과즙이 풍부하고, 가벼운 와인부터 묵직한 와인까지 다양한 스타일로 만들어지고 있다. 또한 산도가 풍부한 특징을 갖고 있다.

표 4-1 ≫ 레드와인 포도품종 특징

	주 재배지역	특징
까베르네 소비뇽	프랑스 보르도, 미국 캘리포니아, 칠레	두꺼운 껍질, 풍부한 탄닌
메를로	프랑스 보르도, 미국 캘리포니아	부드럽고 우아한 탄닌
까베르네 프랑	프랑스 보르도 및 루아르	풍부한 과실향
말벡	프랑스 까오르, 아르헨티나	어릴 때(young) 훌륭함
쁘띠 베르도	프랑스 보르도	와인의 골격형성
피노 누아	프랑스 부르고뉴, 프랑스 상파뉴(샴페인 주품종), 미국 캘리포니아 및 오리건	재배가 까다롭지만 우아함과 웅장함을 모두 갖춤
시라/쉬라즈	프랑스 론, 호주, 미국 캘리포니아	풍부한 향신료의 향과 묵직한 탄닌
갸메	프랑스 보졸레	풍부한 과실향
네비올로	이탈리아 피에몬테	산도가 높으며 힘이 넘치는 와인
산지오베제	이탈리아 토스카나	과실향이 풍부하며, 투명하고 맑은 와인
뗌프라니요	스페인	탄닌은 약하나 다른 품종과 블렌딩으로 가치상승
그르나슈/가르나차	프랑스 론, 스페인	알코올함량이 높고 묵직한 스타일의 와인
진판델	미국 캘리포니아	적당한 산도과 풍부한 꽃향
피노타지	남아프리카공화국	풍부한 산도

2. 화이트와인 포도품종

1) 샤르도네(Chardonnay)

샤르도네는 뛰어난 적응력으로 전 세계에서 재배되는 화이트와인을 대표하는 품종으로, 재배되는 기후에 따라 와인의 특징이 조금 다르게 나타난다.

서늘한 기후(ex:상파뉴, 샤블리)에서 재배된 샤르도네는 섬세하고 기품이 있는 와인을 생산하며, 산도는 높지만 풍미가 매우 풍부한 특징을 갖게 된다. 반면, 뜨거운 태양 아래 재배된 샤르도네

소떼른의 포도나무

는 화사한 열대 과실향이 풍부한 와인으로 생산된다. 화이트 와인을 만드는 품종 중에서는 가장 오래 보관할 수 있는 품종이며, 몽라쉐(Montrachet), 뫼르소(Meursault) 등 유명하고 품질이 뛰어난 와인을 생산한다. 또한 샴페인을 만드는 품종 중 하나이다.

표 4-2 ››› 샤르도네 생산지역에 따른 특징

기후 구분	특징
서늘한 지역 (상파뉴, 샤블리)	– 높은 산도, 미디움 바디 – 사과나 초록색 자두의 풍미 – 연한 녹색
따뜻한 지역	– 진한 감귤향 – 멜론, 복숭아, 망고 등과 같은 – 풍부한 과일맛
매우 더운 지역	– 낮은 산도, 풀바디 – 높은 알코올 도수

2) 소비뇽 블랑(Sauvignon blanc)

프랑스의 보르도와 루아르 그리고 신세계국가, 그 중에서도 특히 뉴질랜드에서 널리 재배된다. 이 품종은 굉장히 상큼하며 풋풋함이 풍부하다. 푸릇푸릇한 들판에서 잔디를 갓 벤 듯한 풀향기가 인상적이다.

소비뇽 블랑 = 뉴질랜드 라고 할 만큼, 뉴질랜드의 소비뇽 블랑은 최고다.

최근 전 세계적으로 재배면적이 급증하고 있다.

루아르의 소비뇽 블랑은 미네랄 성분이 강하고 쌉쌀한 풍미가 있다. 반면 보르도의 소비뇽 블랑은 대개 세미용 품종과 블렌딩하여 조화롭고도 싱그러운 느낌을 준다.

3) 리슬링(Riesling)

18세기 초반 이후부터 독일와인 산업에서 가장 중요한 품종으로 독일와인의 품질과 스타일을 대표하고 있다. 리슬링은 과일맛이 풍부하고, 아로마틱하면서도 산도를 적당히 유지하고 있는 품종이다. 추위에 잘 견디기 때문에 늦게 수확하여 만드는 와인(Late-harvest Wines)에 적합하다. 섬세하고 기품이 있는 와인으로 산도 및 당도의 균형과 조화가 일품이다. 대표적 산지인 독일의 모젤(Mosel), 라인가우(Rheingau)에서 늦가을까지 조심스럽게 익혀 소량 생산되는 화이트와인은 가장 최고의 명품와인이다.

4) 게뷔르츠트라미너(Gewürztraminer)

게뷔르츠트라미너는 향기가 매우 뛰어난 포도로 와인을 처음 접하는 사람들에게 매우 매력적인 포도품종이다. 세계 전 지역에 걸쳐 재배되고 있기는 하지만, 재배하기가 까다로워 생산량은 많지 않다. 프랑스 알자스 지역은 게뷔르츠트라미너의 최대 생산지로 드라이한 와인부터 달콤한 와인까지 다양한 스타일의 와인이 생산되고 있다.

게뷔르츠(Gewürz)는 향신료라는 뜻이다. 155p 참고.

5) 세미용(Sémillon)

산도도 낮고 향이 강하지 않아 단독으로는 사용되지 않으며, 주로 샤르도네나 소비뇽 블랑과 블렌딩되는 보조 품종이다. 보르도의 소떼른에서 생산된 스위트 화이트와인은 세계 최고수준이다. 세미용 품종은 귀부현상(Noble rot)이 매우 잘 일어나는 품종이며, 특히 소떼른은 귀부현상이 잘 나타나도록 하는 기후조건을 갖추고 있는 곳이다.

유명한 스위트와인 샤또 디켐(Château d'Yquem)에서도 세미용을 80%

정도 사용하고 있다. 또한 최근에는 호주의 헌터밸리(Hunter valley) 등에서도 좋은 와인이 만들어지고 있다.

6) 슈냉 블랑(Chenin blanc)

프랑스 루아르의 대표적인 화이트와인 품종이다. 산도가 아주 높아 장기 보관이 가능하며, 이 특성을 이용해 다양한 스타일을 만든다. 최근 남아공에서 스틴(Steen)이라는 별칭으로 불리며, 개성 있는 화이트와인을 생산하고 있다.

7) 피노 그리(Pinot Gris)

이탈리아 북동부지방에서는 피노 그리지오(Pinot Grigio)라고 불리며, 드라이하면서도 오일리한(Oily)한 특징이 있다. 알코올 함유량이 높은 편이지만 산도는 낮다.

피노 그리는 산도를 유지하면서 과실향이 지나치게 강해지는 것을 방지하기 위해 일찍 수확하기도 한다.

8) 비오니에(Vionier)

최근 인기가 올라가는 품종이다. 일반적으로 비오니에를 샤르도네와 같이 소프트하고 풀바디의 질감을 지닌 품종으로 생각하지만, 사실 향이 아주 풍부한 품종이다. 재배 시 가장 큰 문제점으로는 수확량이 적다는 것과 복숭아, 배, 제비꽃과 같은 섬세한 아로마가 발달하기도 전에 당도가 너무 높아진다는 것이다.

표 4-3 》》 화이트와인 포도품종 특징

	주 재배지역	특징
샤르도네	프랑스 부르고뉴, 미국 캘리포니아, 호주	화사한 열대 과실향 장기 숙성 가능
소비뇽 블랑	프랑스 루아르, 뉴질랜드	미네랄 풍부 톡톡 튀는 상큼함
리슬링	프랑스 알자스, 독일	풍부한 아로마 섬세한 기품
게뷔르츠트라미너	프랑스 알자스	화려한 아로마
세미용	프랑스 보르도(소떼른)	귀부현상이 잘 일어남
슈냉 블랑	프랑스 루아르, 남아프리카공화국	산도가 매우 높음
피노 그리	이탈리아	드라이하고 오일리
비오니에	프랑스 론	부드럽고 아로마 풍부

보르도 VS 부르고뉴 포도품종의 차이

가장 훌륭한 명품와인을 만드는 보르도와 부르고뉴는 포도품종에서 차이를 나타낸다. 보르도 지역에서는 단일품종으로 와인을 만드는 것이 아니라 까베르네 소비뇽, 까베르네 프랑, 메를로, 쁘띠 베르도, 말벡 중 2~3가지를 블렌딩하여 양조한다. 블렌딩하는 포도품종과 비율은 와인메이커가 결정한다. 그러나 부르고뉴 지역에서는 레드와인은 피노 누아, 화이트와인은 샤르도네로 단일품종으로 양조한다.

1. Blanc de Noir에 대해 설명하시오.

2. 레드와인 품종

3. 화이트와인 품종

4. 부르고뉴 레드/화이트와인 품종

5. 이탈리아 피에몬테 대표품종

6. 산지오베제는 어느 나라 및 지역의 대표품종인가?

7. 피노타지는 무슨 품종을 교배해서 탄생된 품종인가?

8. 독일의 대표품종

9. 보르도와 부르고뉴의 품종 비교

PART

II

wine

와인양조

와인양조 기본 과정

wine

와인양조의 기본과정을 간단하게 설명하자면, 다음과 같다.

> 포도재배 → 수확 → 파쇄 → 발효 → 숙성 → 병입

잘 익은 포도를 적절한 시기에 수확하고, 파쇄한 후 포도즙을 발효시키고 일정기간의 숙성을 거친 후 병입하면 한 병의 와인이 탄생된다. 그러나 레드와인, 화이트와인의 양조 방법이 다르고, 신경써야할 부분도 다르다. 또한 스파클링 와인도 다양한 방법으로 양조되며 주정강화 와인인 쉐리와인와 포트와인도 양조방법이 다르다.

따라서 우선적으로 와인양조에 대한 전체적인 기본과정을 설명하고, 그 후에 레드와인과 화이트와인, 스파클링 와인, 주정강화 와인의 양조과정을 설명하고자 한다. 양조용어는 영어와 프랑스어 모두 설명하였으며, 프랑스어는 발음과 뜻을 따로 설명하였다.

그러나 중요한 것은 와인을 생산하는 지역, 토양, 포도품종, 와인메이커에 따라 각각의 특색에 맞는 방법으로 양조되고 있다는 점을 잊지 말자.

I. 포도재배: 수확(egrappage)

égrappage(에그라빠쥬):
프랑스어로 '수확하다'
의 뜻

재배한 포도를 수확하는 방법은 두 가지이다. 손으로 직접 수확하는 방법과 기계로 수확하는 방법이다.

손 수확의 장점은 포도를 선별하여 수확할 수 있고, 수확 시 포도송이 손상의 위험성을 낮출 수 있다. 그러나 시간이 많이 걸리고 인건비가 많이 드는 단점이 있다.

기계수확은 포도나무 밑에 바구니 등을 설치하고, 기계가 포도나무를 털면서 포도송이가 바구니에 떨어지는 방법이다. 기계수확은 대량으로 수확하는 점에서는 편리하지만, 포도송이끼리 부딪치면서 알갱이가 터져 순식간에 산화가 되므로 주의해야 한다. 독일의 모젤 같은 경우에는 포도밭의 경사도가 너무 가파르기 때문에 기계수확을 할 수가 없다.

손 또는 기계로 수확이 끝나면, 1차선별을 한 뒤 판별대에서 불순물을 골라내는 2차선별을 해준다.

수확한 포도 독일의 모젤

2. 파쇄, 줄기제거(crushing, foulage)

foulage(풀라쥬) :
프랑스어로 '압착',
'짜내다'의 뜻

포도알을 눌러 터트리면 주스가 나오고, 껍질에 있는 효모와 접촉하게 되어 발효가 시작될 조건이 갖추어진다.

화이트와인은 압착한 뒤 12~24시간 자연 정제 시간을 거쳐 윗부분의 맑은 주스만 사용하여 발효한다.

레드와인 품종으로 화이트와인을 만들 때는 색소성분을 가지고 있는 껍질 때문에 조심스럽게 압착해야 한다. 레드와인은 포도를 으깬 뒤 포도껍질, 즙, 씨까지 함께 발효한다(탄닌이 풍부한 와인을 양조하고자 할 때는 줄기와 함께 발효하기도 한다).

수확한 포도는 사진의 컨베이어 벨트에 올려져 불순물을 제거한다.

신세계국가(남아공)의 줄기제거 기계

제경기 제경기 안에 포도송이를 넣고 기계를 작동하면, 포도 열매만 밖으로 걸러진다.

압착기

3. 아황산 첨가(Sulfitage)

독일 모젤의 와이너리에서 수확한 포도를 압착하기 직전 기계 분무기로 포도송이에 아황산염을 살포한다.

포도를 수확하면 포도알에 각종 박테리아균과 이물질들이 표면에 많이 붙어있다. 포도알의 여러 균을 제거하기 위해 아황산을 첨가하게 된다. 아황산이 멸균작용을 해주는 것이다.

독일 모젤 지역의 경우 포도를 수확해 오면 바로 분무시스템을 사용하여 아황산염을 포도 위에 살포한다.

4. 1차 발효: 알코올 발효
(fermentation alcoolique)

압착된 포도즙의 당분이 효모를 만나 알코올로 변하면서 이산화탄소와 열을 내는 과정을 알코올 발효라고 한다.

> 포도의 당분 + 효모 → 알코올 + 탄산가스 + 열

이때 적절한 온도를 일정하게 유지하는 것이 매우 중요한데, 그 이유는 효모는 적당한 온도가 주어지면 발효가 시작되고 당분이 모두 소모된 후 발효가 멈춘다. 그러나 온도가 너무 낮으면 효모가 활동을 하지 못해 발효과정이 진행되지 않고, 반대로 온도가 너무 높으면 효모가 일찍 죽어 발효가 되지 않는다.

알코올 발효는 레드와인과 화이트와인에서 모두 중요한 과정이다.

당분이 알코올로 변하면서 이산화탄소가 발생하는데 이를 배출구로 배출할 때 열도 동반되어 발효조 내부의 온도가 올라가게 된다. 30~35도가 되면 효모가 죽어 발효가 중지될 수 있기 때문에 발효조의 온도를

21~28도 정도로 일정하게 유지시켜야 한다.

또한 포도의 당분 함유량이 높을수록 와인 알코올 도수가 높아진다. 알코올 15%가 되면 발효되지 않은 당분이 남아도 효모는 죽게 된다. 이때 발효되지 않고 남은 당분을 잔당이라고 한다.

발효조는 오크 발효조, 시멘트 발효조, 스테인리스스틸 발효조 이렇게 세 가지 종류가 있다. 각 발효조마다 특징이 있으며 적당한 온도를 조절하여 발효가 잘 되도록 한다.

포도의 당도는 브릭스로 표시하는데, 브릭스의 약 55%가 알코올 도수로 변환된다.
즉 브릭스 25이면,
25 × 0.55 = 13.75%의 알코올 도수로 계산된다.

① **오크 발효조**
② **오크 발효조의 온도를 낮추기 위한 코일**
   코일을 얼린 후 오크통 안에 넣으면 온도가 내려가는 원리: 물에 얼음을 넣는 것과 같다.

③ **시멘트 발효조**
   마치 시멘트 방을 연상 시키는 모양. 박테리아 방지에 가장 좋은 발효조

④ **스테인리스스틸 발효조**
   사진의 스테인리스스틸 발효조는 온도를 낮추기 위해 위의 뚜껑의 개폐 로 온도를 조절한다.

⑤ **스테인리스스틸 발효조**
   사진의 스테인리스스틸 발효조에는 발효조 중간에 코일이 감싸져 있다. 열전도율이 매우 뛰어난 스테인리스스틸 발효조는 코일에 차가운 물을 통과시키면서 온도를 조절한다.

표 5-1 ››› 발효조 특징

재료와 형태	발효조 특징
오크 발효조	– 전통적인 와인 발효조이다. – 청소하기가 어렵고 박테리아나 효모가 살 수 있어 와인품질에 영향을 끼칠 수 있다. – 오크로 인해 얻어지는 장점으로 여전히 선호하고 있다.
시멘트 발효조	– 재료구매가 경제적이고, 청소하기 쉬우며 밀폐가 완벽하다. – 시멘트와 와인이 직접 접촉하는 것을 피하기 위해 발효조 내벽을 주석, 타일, 세라믹 또는 수지로 입힌다. – 시멘트 사이에 자랄 수 있는 박테리아나 효모의 생성을 피하게 된다.
스테인리스스틸 발효조	– 재료로 인한 와인의 변질 위험이 없고, 관리하기 가장 쉽다. 특히 자동 온도 장치로 온도 조절이 매우 유리하다. – 구매가격이 매우 비싸며 와인 유형에 따라 알맞은 스테인리스스틸 품질과 크기가 요구된다.

5. 침용(máceration)

macération(마쎄라시옹) :
프랑스어로 '담그기',
'침용'의 뜻

발효가 끝난 뒤 적포도 껍질의 색소와 탄닌 등을 뽑아내기 위해 껍질과 포도즙을 함께 계속 담가두는 과정을 침용이라고 한다.

화이트와인은 침용 과정이 없으며 이 과정에서 레드와인, 화이트와인, 로제와인이 구분된다.

이 때 포도껍질, 과육, 고형물 등이 부글

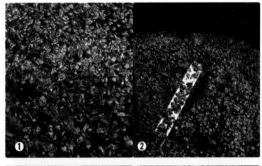

① 샤뽀(Chapeau)
② ~ ④ **수작업으로 삐자쥬 하는 과정** 긴 막대로 샤또를 눌러주어 탄닌과 색상을 최대한 추출한다.
⑤ 샤또 빨메(Ch. Palmer)에서는 오크 발효조 옆에 걸려있는 깔대기 모양의 막대로 삐자쥬(pigeage)를 한다.
삐자쥬 도구는 와이너리들마다 다르다.

부글 떠올라 덮개의 모양으로 형성되는데 이를 영어로는 캡(cap), 프랑스어로는 사뽀(chapeau)라고 한다. 이를 그대로 두면 껍질이 마르고 곰팡이가 생겨 와인에 나쁜 영향을 주기 때문에 이를 잘 섞어주어야 한다.

섞어주는 방법은 다음과 같이 두 가지 방법 중 하나를 실시한다.

① Punching down(treading): 색, 탄닌, 풍미를 충분히 추출하기 위해서 위에서 발효조 위에 떠있는 캡을 아래로 눌러 포도즙과 접촉시키는 과정을 말한다. 피노 누아처럼 포도껍질이 얇은 품종에 주로 사용된다(프랑스어 pigeage: 삐자쥬).

② Pumping over: 레드와인 양조에서 색, 탄닌, 풍미 등을 추출하는 동시에 떠있는 껍질, 씨, 과육, 줄기 등이 마르지 않도록 하기 위해 와인을 발효조 아래로 뽑아 다시 통 위로 부어 통속에 남아있는 찌꺼기를 적셔주는 과정을 말한다. Pumping over 이외에 휘젓기를 일주일에 한 번 정도 해주기도 한다(프랑스어 remontage: 흐몽따쥬).

가볍고 신선한 스타일의 와인은 침용과정을 1~2주 정도 단기간에 두고 진하고 묵직한 스타일의 와인을 원한다면 3~4주 정도 장기간 담가둔다.

Pumping over 발효조에 펌핑시설을 설치하여 아래 가라앉은 주스를 위로 부어준다.

Cabonic Maceration(카보닉 마세레이션, 탄산침용법)

카보닉 마세레이션이란 포도알을 파쇄하지 않고 그대로 발효조에 넣어 효모의 도움 없이 포도알이 자체적으로 발효를 일으키는 과정을 말한다. 결과적으로 발효가 일어나는 것은 동일하지만, 발효가 시작될 때부터 포도알을 통째로 넣어 와인의 색이 더 선명하고 과일 풍미가 풍부해진다.
주로 프랑스 부르고뉴에서 보졸레 누보를 양조할 때 카보닉 마세레이션 방법으로 한다.

6. 압착(pressing)

발효와 침용 과정이 끝나면 포도즙을 받는데 자연스럽게 나오는 즙 (Free-run Wine)을 받고 나서 발효조에 남은 고체 성분을 압착해 포도즙 (Press Wine)을 끝까지 뽑아내는 과정이다.

① Running off: 발효 후에 레드와인을 중력에 의해 밑으로 흘러내리게 하여 껍질이나 씨 등의 찌꺼기와 분리하는 작업을 말한다.

② Free-run Wine: 레드와인 양조 시 발효가 끝난 후 발효조에서 Running off 과정을 통해서 흘러내려 모아진 와인을 Free-run Wine이라고 일컫는다. Free-run Wine과 Press Wine을 섞으면 단단한 골격을 갖춘 와인이 생산된다.

③ Pressing: crushing보다는 포도알이나 포도의 껍질, 씨, 과육, 작은 줄기 등으로 된 찌꺼기를 좀 더 강하게 압착하는 과정이다. 실제적으로는 별 구별 없이 쓰이고 있다. 발효 후 처음 얻은 와인이 Free-run Wine이며 발효조 속의 찌꺼기만을 압착하여 얻은 와인이 Press Wine이라 하며 따로 보관되고 마지막으로 남는 찌꺼기 덩어리가 pomace이다.

Free-run Wine: 압착할 때 자연스럽게 흘러내리는 와인. 프랑스어는 뱅 드 구뜨(Vin de goutte)

Press Wine: 와인이 자연스럽게 흘러나오고 발효조 안에 남은 찌꺼기를 강하게 압착해서 뽑아낸 와인. 프랑스어는 뱅 드 프레스(Vin de press)

일반적으로 Free-run Wine을 85~90%, Press Wine을 10~15%의 비율로 섞는다.

pomace : 과즙의 찌꺼기. 프랑스어로는 marc(마흐)이다.

7. 2차 발효: 유산발효, 젖산발효
(fermentation malolactique)

사과산에 유산균을 첨가하여 젖산과 이산화탄소를 배출시키는 것으로 이 과정을 통해 부드러운 산이 만들어지고 와인의 막을 안정적으로 유지할 수 있다. 이때는 효모 대신 대기 중의 유익한 박테리아가 발효를 돕는다.

> 사과산 + (유산균) → 유산(젖산: latic) + 탄산가스

즉, 유산(젖산)발효는 사과산이 유산으로 변화하는 것인데 사과산은 유산의 2배에 가까운 산도를 지니고 있다. 따라서 이 과정에 의해 강한 산인 사과산이 약한 산인 유산으로 변화하여 산도가 좀 더 부드러운 맛으로 변화된다. 그러나 와인의 상큼한 과실향을 감소시킬 수 있기 때문에 부르고뉴에서 생산하는 와인 혹은 샤르도네 품종을 이용해 오크 숙성시킨 와인을 제외하고는 대부분 화이트와인에서는 유산(젖산) 발효를 피하는 편이다. 평균 20일 정도의 기간이 걸린다.

8. 숙성(elévage)

발효가 끝난 와인을 오크통이나 스테인리스스틸 탱크에 넣어 일정기간 숙성시키는 과정이다. 짙은 보라색에서 점차 검붉은색(핏빛색)으로 변해가면서, 맛의 강도도 변하여 거칠고 쓴맛이 부드러워진다. 또 향기에 있어서도 원료포도에서 우러나온 아로마(Aroma)가 점점 약해지고, 발효나 숙성 후에 나오는 원숙한 향인 부케(Bouquet)가 형성된다.

숙성시 셀러 온도는 12~15도를 유지시켜 주어야 한다.

아로마와 부케는 조금 다른 향을 나타내는 용어로 와인 시음부분에서 자세히 다루기로 한다.

élevage(엘르바쥬) : 프랑스어로 '숙성'이라는 뜻이다. 영어로는 maturing이라고 한다.

숙성은 maturing과 aging이란 표현 두 가지로 사용되지만, 의미는 다르다. maturing은 병입 전 오크통에서 하는 숙성이며, aging은 병입 후 숙성을 말한다.

오크숙성

    오크통에 숙성을 할 경우 두 가지의 오크통 중 와인메이커가 선택하게 되는데 아메리칸 오크(American Oak)와 프렌치 오크(French Oak)이다. 이 두 가지 오크는 제조과정이 다르며 와인을 숙성했을 때 와인에 나는 향도 다르다. 오크통 내부를 불에 굽는 과정을 토스팅(Toasting)이라고 하는데, 토스팅 과정을 통해 초콜릿향, 바닐라향, 토스트향 등 매우 다양한 향들이 형성된다. 또한 토스팅은 주문자의 요구에 따라 굽기의 정도를 조절하여 굽는다(예: Medium Toasting, Full Toasting). 두 오크통의 차이는 〈표 5-2〉와 같다. 일반적으로 프렌치 오크(약 120만원)가 아메리칸 오크(약 50~60만원)보다 약 2배 정도 비싸다. 오크통 명칭과 용량은 지역에 따라 다르다.

    보르도에서는 Barrique(바리끄 - 225리터), 부르고뉴에서는 Piece(피에스 - 228리터)라고 부른다.

표 5-2 》》 아메리칸 오크 VS 프렌치 오크 차이점

	아메리칸 오크(American Oak)	프렌치 오크(French Oak)
제조방법	- 나무의 결 방향과 상관없이 제조 - 공장에서 일괄적으로 제조 - 경제적임	- 일일이 수작업으로 만듦 - 인건비와 재료비가 많이 들어 비쌈
특징	- 특히 초콜릿 및 코코넛 풍미가 매우 강함	- 토스팅(toasting) 정도에 따라 토스트향의 강도가 다르며, 매우 다양하고 복잡한 향이 남

    이처럼 225리터의 작은 오크통(아메리칸 오크, 프렌치 오크)에 숙성하게 되면, 와인에 다양한 아로마와 부케형성을 도와주게 된다. 반면, 1만 리터의 큰 오크통에서도 와인을 숙성하는 경우도 있다. 큰 오크통에 숙성하

샤또 무똥 로칠드(Château Mouton-Rothschild)의 우야쥐 하는 과정

는 경우는 작은 오크통에 숙성했을 때만큼 다양한 아로마와 부케를 기대하기는 어렵지만, 스테인리스 탱크에 숙성했을 때보다 부드럽고 약간의 나무향을 느낄 수는 있다.

9. 랙킹(Racking)

와인을 숙성시키는 동안 와인을 통(barrel)밑에 쌓인 침전물과 분리하기 위해 다른 통으로 옮겨주는 과정이다. 침전물을 제거하기 위한 목적과 통 속의 찌꺼기를 그냥 놔두면 와인은 부패 현상(품질 저하 원인)이 발생하기도 하는데 이를 방지하기 위함이다. 일반적으로 첫해 3~4번 정도 실시하며 두 번째 해에는 1~2번 정도 랙킹을 해준다.

Topping, Topping up: 와인을 숙성시키는 동안 오크통의 틈새를 통해 와인이 증발하거나 랙킹으로 생기는 손실분을 같은 와인으로 채워주는 과정을 말한다. 와인이 공기와 접촉하여 산화되는 것을 막아 최상의 숙성 상태를 유지하기 위해 토핑을 하는데 보통 일주일에 두 번 정도 해주며 새 오크통은 3주마다 보충해주기도 한다(프랑스어; ouillage: 우야쥐).

프랑스어로 '(술이 줄어든 술통에) 같은 품질의 술을 보충한다'는 뜻이다.

프랑스 샤또 뤼이섹(Ch.
Rieussec)에서 숙성 중
아황산염을 주입하는 방법
적정량이 투입되면 (눈금으로
확인) 제거한다.

남아공 어니엘스(Ernic Els) 와이너리에서 숙성 중 아황산염을 주입하는 방법
적정량이 주입되면 벨브를 잠근다.

IO. 아황산 첨가(Sulfitage)

숙성을 마치고 난 후 블렌딩을 하기 전 아황산 첨가를 한 번 더 하게
된다. 이때 아황산염은 산화방지와 방부제의 역할이다. 그러나 아황산
염이 발암물질이기 때문에 첨가하는 양은 매우 까다롭고 철저하게 관리
되고 있다.

II. 블렌딩(Blending)

블렌딩(blending)을
프랑스어로 assemblage
(아쎙블라쥬)라고 하며,
'조합, 조립'의 뜻이다.
혹은 coupage(꾸빠쥬)
라는 용어도 함께 사용
되는데, coupage
(꾸빠쥬)는 '액체를 혼합
한다'라는 뜻이다.

단일품종으로 와인을 만드는 경우가 아니라 여러 품종을 섞어서 만드
는 경우 숙성이 끝나고 나면 블렌딩을 한다. 블렌딩 비율을 각 품종들
의 숙성상태 등을 와인메이커가 확인한 후 정한다.

12. 정제(Fining)

와인 병입 전에 첨가물을 사용하여 와인을 탁하게 할 수 있는 미세분자들을 통 바닥에 모이게 하여 제거하는 정화(clarification)의 한 과정으로 벤토나이트, 젤라틴, 카제인, 계란 흰자 등이 사용된다. 평균 병입 6개월 전에 행하여 한 달 동안 진행된다. 계란흰자를 사용한 경우 오크통 하나에 계란 4~5개 분량의 흰자가 사용되는데, 오크통 안에서는 산소가 없기 때문에 계란 흰자가 상하지는 않는다.

정제(fining)를
프랑스어로 collage
(꼴라쥬)라고 하며,
'와인을 맑게 하기'의
뜻이다.

13. 여과(Filtering)

와인을 병입하기 전에 필터에 통과시킴으로써 와인에 나쁜 영향을 줄 수 있는 이스트 찌꺼기나 미생물, 기타 침전물 등을 걸러내는 정화(clarification)의 한 과정이다. 와인이 숙성되는 과정에서 풍미와 개성을 부여할 수 있는 요소까지도 모두 걸러내 버리는 여과 과정을 반대하는 양조자들도 많다. 레이블에 "UNFILTERED"는 와인을 필터에 통과시키지 않았음을 의미한다.

14. 병입(mise en bouteilles)

병입 전 눈에 안보이는 미세한 불순물이나 미생물을 제거하는 여과 과정을 거친 뒤 양조통에 담아 두었던 와인을 병에 넣는 과정이다.

병입시설

레이블에 MIS EN BOUETILLE AU CHÂTEAU(미 정 부떼이유 오 샤또)라고 표기되어 있으면 샤또에서 병입했다는 뜻이다.

표 5-3 》》 레드와인 양조의 기본: 보르도 슈페리외르(Bordeaux Supérieur)

양조 용어	과정 설명
Raisin	− 포도
égrappage	− 수확
foulage	− 압착, 포도송이 터트림
Sulfitage	− 아황산염(SO_2) 처리
Fermentation alcoolique	− 1차 발효: 알코올 발효 효모가 당분을 알코올로 변화시키면서 포도즙이 와인이 되어가는 과정
Pressurage	− 압착. 발효과정 거친 후에 즙이나 와인을 뽑기 위해 포도의 찌꺼기 압착 * Vin de Goutte와 Press Wine으로 분리함
Fermentation malolactique	− 2차 발효: 유산발효 사과산이 젖산으로 발효하는 과정 (화이트와인은 거의 유산발효를 하지 않음)
Sulfitage	− 아황산염(SO_2) 처리 과도한 양은 와인의 맛과 향에 영향을 미치므로 프랑스에서는 엄격하게 규정하고 있음
Assemblage	− 블렌딩
élevage	− 숙성
Collage	− 와인정제과정 병에 담긴 와인이 투명하고 선명하길 바란다면 와인을 탁하게 할 만큼의 커다란 입자는 제거되어야 한다. 이때 입자를 제거하는 방법으로 계란 흰자를 사용하기도 함
Mise en bouteilles	− 병입

표 5-4 》》 화이트와인 양조의 기본: 보르도 슈페리외르(Bordeaux Supérieur)

양조 용어	과정 설명
Raisin	− 포도
foulage	− 압착. 포도송이 터트림
Pressurage	− 압착. 즙이나 와인을 뽑기 위해
Sulfitage	− 아황산염(SO_2) 처리
Clarification	− 와인을 맑게 해주기 위해
Sedimentation	− 찌꺼기를 가라앉게 한다.
Refrigeration	− 일정하게 낮은 온도유지
Levurage	− 효모 첨가
Fermentation alcoolique en cuve	− 1차 발효 알코올 발효를 오크통 안에서 진행
Sulfitage	− 아황산염(SO_2) 처리
Stabilisation	− 안정화 유지
Collage	− 와인 정제하기
élevage	− 숙성. 양조과정에서 알코올 발효 후 오크통에서 병입되기 전까지 숙성
Clarification	− 와인을 맑게 해주기 위해
Mise en bouteilles	− 병입

표 5-3과 5-4는 보르도 슈페리외르(Bordeaux Supérieur)에서 양조하는 레드와인과 화이트와인의 양조 기본과정이다. 보르도 슈페리외르(Bordeaux Supérieur)는 장소적인 개념이라기보다는 보르도 전역에 걸쳐 생산되는 평범한 와인을 일컫는다.

1. 와인양조의 기본과정은 어떻게 되는가?

2. 아황산염을 첨가하는 이유는 무엇인가?

3. 1차 발효를 설명하시오.

4. 발효조의 종류와 특징에 대해 설명하시오.

5. 샤뽀(Chapeau)란?

6. 삐자쥬와 흐몽따쥬를 비교하시오.

7. 젖산발효란?

8. 정제할 때 주로 사용되는 재료는 무엇인가?

로제와인
Rose Wine

1. 직접 압착법

레드와인 품종을 사용하고 담금 과정 없이 압착 과정에서 압력을 높여 원하는 색상이 나오도록 한다. 화이트와인 양조방식을 응용한 것이기 때문에 침용 과정은 거치지 않는다.

프랑스에서는 뱅 그리(Vin Gris)라고 하며, 캘리포니아에서는 블러쉬 와인(Blush Wine)이라고도 한다.

2. 세니에 방식(Saignee)

레드와인 품종를 사용하며 레드와인과 같은 방법으로 파쇄한 후, 12~36시간 정도 껍질과 함께 발효시킨 후 원하는 색이 나오면 포도주스를 내려 껍질과 분리한 뒤 발효를 계속한다. 탱크에서 포도주스를 뽑아내는 모습이 마치 피를 뽑는 것처럼 보인다 하여 세니에 방식(Saignee) = 피뽑기 방식이라고 한다.

EXERCISES

1. 세니에 방식은 어떤 것인가?

2. 블러쉬 와인은 무슨 뜻인가?

스파클링 와인은 전통적인 방식, 탱크 방식, 트랜스퍼 방식 세 가지
방식이 있다.

I. 전통적인 방식(Classic Method/
Traditional Method/Champagne Method)

Champagne Method
(샹파뉴 방식)은 샹파뉴
지역에서 사용되는
방식에만 한정하여
사용한다.

전통적인 방식은 이미 만들어진 스틸 와인에 효모와 당을 첨가하여
2차 발효가 일어나도록 한다. 2차 발효가 일어나면서 병 내에 알코올,
탄산가스, 효모찌꺼기가 생기게 된다. 효모찌꺼기가 얼마나 병 속에 있
느냐에 따라 와인 품질이 결정된다.

효모찌꺼기를 병목에 모은 후 제거하고, 효모찌꺼기가 제거되면서 손실된
와인을 리큐어로 첨가하면 스파클링 와인이 완성된다. 첨가하는 리큐어의 당
도에 따라 스파클링 와인의 당도도 결정된다.

전통적인 방식의 가장 핵심은 2차 발효에서부터 나머지 공정이 모두
병속에서 일어난다는 것이다. 노력과 비용이 가장 많이 드는 방식으로
고급 스파클링 와인 생산에 주로 사용된다.

샹파뉴 지역의 샴페인 제조방법

1. 블렌딩
꿔베(Cuvée)라 불리는 다양한 연도의 일반 와인들을 섞는 단계이다. 100여 개에 달하는 다양한 연도의 꿔베가 섞이는 순간이며, 최고의 샴페인이 탄생되는 역사적인 순간이다. 블렌딩의 예술이라고 표현한다.

2. 보당
이스트와 설탕혼합물인 리큐르 드 띠라쥬(Liqueur de tirage)를 첨가한 후, 병입 및 봉안한다. 이때 알코올로 변환되지 못하고 병 속에 남은 당분이 움직이면서 발효준비를 한다.

3. 2차 발효
이 단계는 눕혀져 보관되며, 발효와 함께 생산되는 이산화탄소는 와인에 흡수되면서 압력이 형성된다.

4. 숙성
발효를 마친 이스트는 자기분해를 시작하면서 와인의 맛과 향을 더욱 섬세하고 다양하게 만들어가기 위해 움직인다.

5. 병 돌리기(뤼미아쥬; Remuage)
뵈브 끌리꼬 샴페인의 시조인 마담 뵈브 끌리꼬는 수주 동안 와인병을 느리게 회전하면서 수직으로 세우는 작업을 도입. 이를 통해 발효를 마친 이스트는 병목에 쌓이게 된다.

6. 이스트 제거(데고르쥬망; Degorgement)
이산화탄소가 나가지 않도록 병목 부분만 냉각시킨 후 이스트를 제거한다.

7. 보당(도자주; Dosage)
이스트와 손실된 와인량만큼 설탕이나 리저브 와인의 혼합물 첨가하는데, 이때 보당에 따라 샴페인의 스타일이 정해진다. 샴페인 당도 용어는 다음과 같다.
Brut(브뤼, Dry) -> Sec(쎅, Semi Dry) -> Doux(두, Sweet)

뵈브 클리코의 뤼미아쥬용 거치대 퓌피트르(Pupitre) 병목에 이스트 찌꺼기를 모으기 위해 거꾸로 꽂아 놓은 뒤 병돌리기를 하여 병목에 이스트 찌꺼기를 모은다.

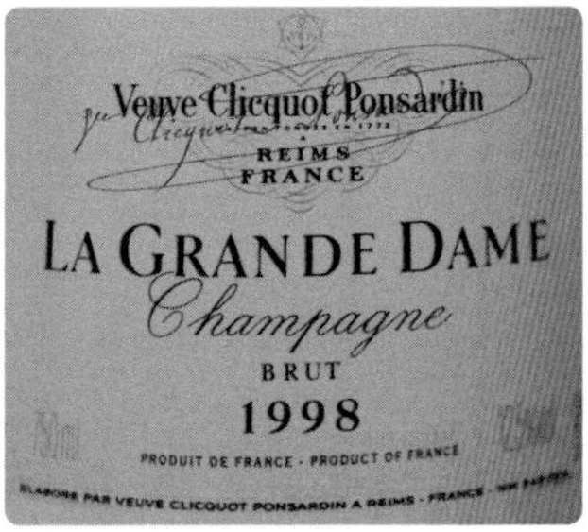

Veuve Clicquot Ponsardin, La Grande Dame (뵈브 클리코 라 그랑 담) 1998년 빈티지 샴페인
129페이지 참조

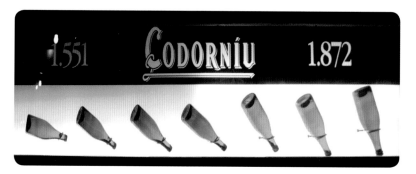

스페인 꼬도르뉴(Codorniu)
전통적인 방법으로 까바를
생산하는 와이너리로
뤼미아쥬에서 데고르쥬망
으로 진행되는 과정

2. 탱크 방식(샤르마 방식, Charmat Method)

전통적 방식과 달리 2차 발효까지 모두 탱크 내에서 실시하고, 이스트 찌꺼기 제거는 필터를 사용하여 한꺼번에 하는 특징이 있다. 비용 절감과 시간단축이 가능하지만, 와인의 복합적인(complexity) 풍미를 주지는 않는다. 저렴한 일반 소비용 와인에 주로 사용하는 방식이다.

3. 트랜스퍼 방식(Transfer Method)

2차 발효까지 병 안에서 실시하고, 발효가 모두 끝나면 큰 탱크로 와인을 모두 옮겨 필터를 이용해 한꺼번에 이스트 찌꺼기를 걸러내는 방식이다. 전통적인 방식과 탱크 방식의 중간 방법이라고 할 수 있다.

1. 스파클링 와인을 양조하는 방식 중 전통적인 방식의 가장 핵심은 무엇인가?

2. 뤼미아쥬의 뜻은?

3. 스파클링 와인의 당도를 표시하는 용어는 무엇인가?

4. 탱크 방식에 대해 설명하시오.

주정강화 와인
wine

주정강화 와인은 발효 진행 중이나 혹은 발효가 끝난 후 알코올이나 브랜디 등 첨가물을 넣어 당도가 알코올로 변하는 진행을 멈추게 하여 인위적으로 알코올 도수를 높인 와인이다. 대표적으로 스페인의 쉐리와인과 포르투갈의 포트가 있다.

I. 스페인 쉐리와인

스페인 남부의 헤레스 드 라 프론테라(Jerez de la Frontera)가 대표적인 생산지이다. 쉐리와인에 있어서 가장 중요한 조건은 토양이며, 팔로미노(Palomino), 페드로 히메네스(Pedro Ximexez), 모스카텔 고르고 블랑코(Moscatel Gordo Blanco)의 세 가지 품종으로 만든다.

쉐리와인을 만들 때 솔레라 시스템(Solera System)이라는 독특한 방법을 사용하는데, 오래된 나무통에서 와인을 뽑아내고 생긴 빈 공간에 새로운 와인을 채워가는 방법으로 쉐리와인의 숙성과 품질의 균일화를 목적으로 사용한다.

쉐리와인은 발효가 모두 끝난 후 주정을 첨가하여 주로 드라이한 스타일의 주정강화 와인이 탄생된다. 따라서 쉐리와인은 식전주로 많이 사용된다.

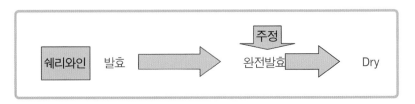

2. 포르투갈 포트와인

포르투갈 도우로강을 따라 형성된 포트와인의 주생산지이며 원산지통제명칭 지구인 포르토(Porto)에서 포트와인이 생산된다. 포트와인은 전통적으로 100가지가 넘는 품종이 사용되었지만, 현재는 15가지의 주요품종과 14가지의 보조품종이 지정되어 있다. 그 중에서 구베이오(Gouveio), 말바지아 피나(Malvasia Fina), 비오신호(Viosingo)의 화이트와인 품종 3가지와 또우리가 나시오날(Touriga Nacional), 또우리가 프란카(Touriga Franca), 띤따 바호카(Tinta Barroca), 띤따 호리스(Tinta Roriz), 띤또 까웅(Tinto Caõ) 등 레드와인 품종 5가지가 주로 많이 사용된다.

또우리가 나시오날 : 포르투갈의 대표적인 레드와인 품종으로 짙은 검붉은 색상, 매우 강한 탄닌, 과실향이 매우 풍부한 것이 특징이다.

포트와인은 숙성기간에 따라 루비포트(Ruby Port), 토니포트(Tawny Port), 빈티지포트(Vintage Port)로 구분된다.

루비포트(Ruby Port)는 평균 2~3년 정도 숙성한 대중적인 스타일의 포트이며, 큰 오크통에서 숙성된다.

토니포트(Tawny Port)는 10년, 20년, 30년 등 여러 해의 와인들을 블렌딩하여 작은 오크통에서 숙성하는 포트이다. 토니(tawny)의 뜻에서도 알 수 있듯이 와인의 색깔이 황갈색을 띠는데, 이는 숙성기간이 길면서 와인의 색이 변화된 것이라고 볼 수 있다.

빈티지포트(Vintage Port)는 뛰어난 해에 가장 좋은 포도밭에서 수확한 포도로만 만들며, 와인을 만들고 2년 안에 병입하여 까브(Cave; 지하저장고, 셀러)에서 오랜 시간 병숙성을 하는 포트이다. 빈티지포트는 영(young)할 때(3~5년 이내)에 마셔도 좋지만, 숙성 후에 진가를 발휘한다.

레이트 보틀드 포트(Late Botteled Vintage Port; LBV)는 루비포트처럼 여러 해의 와인을 섞어서 만드는 것이 아니라 한 해에 수확된 포도로만 만드는 포트이다. 포도를 수확된 해가 레이블에 표기되고, 추가로 병에서도 숙성이 이루어질 수 있다. 포트와인은 쉐리와인과 달리 발효가 진행되는 중에 주정을 첨가하기 때문에 알코올 도수도 높고(17~20도) 매우 달콤한 스타일의 와인으로 식후주로 많이 사용된다.

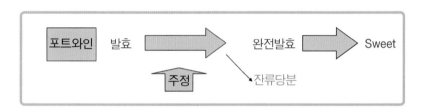

표 8-1 》》 포트와인 숙성기간 분류

포트와인 종류	숙성기간	특징
루비포트 (Ruby Port)	최소 2년 통숙성	- Young한 스타일의 대중적인 포트와인 - NV(Non Vintage) - 루비레드색
토니포트 (Tawny Port)	10년, 20년, 30년 등의 단위로 숙성	- 황갈색, 숙성기간 표시
빈티지포트 (Vintage Port)	최소 2년 이상	- 최고품종 포도의 제일 잘 익은 포도만 사용 - 황갈색

포트와인의 생산지인 포르투갈의 도우로강 주변 사진 과거에는 가운데의 사진처럼 배에 와인을 싣고 영국으로 수출하였다.

루비포트 숙성오크

토니포트 숙성오크

1. 쉐리와인의 대표적인 생산지는 어디인가?

2. 쉐리와인에 사용하는 독특한 생산방법에 대해 설명하시오.

3. 포트와인의 숙성기간에 분류에 따른 종류에는 무엇이 있는가?

4. 쉐리와인과 포트와인의 가장 큰 차이점은?

PART

III

wine

와인
시음하기

9. 와인 시음

와인 시음

와인 시음(Wine Tasting)은 와인 음용(Wine Drinking)과 다른 의미이다.

와인 음용은 그저 흘러나오는 음악을 듣는 것처럼 수동적이며, 감각을 즐기는 것이라면 와인 시음은 계획과 의도를 가지고 와인의 특징과 품질을 결정짓기 위해 우리의 모든 감각(시각, 후각, 미각, 촉각, 청각)을 총동원하여 시험을 치루는 것과 같은 의미라고 할 수 있다.

따라서 와인 시음은 와인에 대한 관심과 집중력, 과학적 관찰력, 기억력 등이 필요하다. 또한 와인 시음에 재능이 없다고 하여 겁먹을 필요는 없다. 일반적인 수준의 감각을 가진 사람이라면 훈련과 학습을 통해 충분히 훌륭한 테이스터(Taster, 시음 전문가)가 될 수 있기 때문이다.

1. 와인 시음 조건

- 와인 시음을 하는 적당한 시간대는 감각기관을 이용하므로 감각기관이 예민할 때 시음하는 것이 좋다.
- 시음장소는 직사광선은 피하고, 충분히 밝은 곳이 좋다. 냄새와

소음이 없어야 하며, 실내온도도 지나치게 높거나 낮으면 별로 좋지 않으므로 약 18℃ 정도가 적당하다.

- 시음글라스는 ISO인증을 받은 국제규정 시음 글라스가 있다 (INAO 글라스). 그러나 만약 INAO 글라스가 없다면 일반적인 와인글라스를 준비해도 무방하다.
- 와인의 색상을 관찰해야 하므로 흰색종이도 함께 준비해야 한다.

2. 시음와인 준비

1) 시음 순서

와인을 시음하는 순서는 다음과 같다. 시음 순서는 시음뿐만 아니라 와인을 마시거나 즐길 때도 같은 순서로 해야 한다.

> 기본급 와인 → 고급 와인
> 가벼운 와인 → 묵직한 와인
> 영(young)한 와인 → 오래된(old) 와인
> 드라이와인 → 스위트와인

2) 시음 온도

와인 시음 온도는 와인의 향과 맛의 감지를 쉽게 하기 위해 음용하는 온도보다 약간 높은 온도에서 실시하는 것이 좋다.

화이트와인과 로제와인은 10~12℃, 레드와인은 16~18℃, 스파클링와인은 6~8℃가 적절한 시음온도이다.

3. 와인 시음 단계

와인은 우선 색상을 관찰한 후(시각) → 포도품종 및 와인양조방법에 따라 생성된 향을 맡고(후각) → 마지막으로 전체적인 균형미와 조화를 확인하기 위해 맛을 보는(미각) 순서로 진행된다.

와인을 시음할 때는
시각 → 후각 → 미각의
순서로 한다.

1) 시각적 관찰

시각적 관찰은 와인 시음의 첫 번째 단계이다. 시각적 관찰을 통해 포도품종의 특징을 파악할 수 있고(까베르네 소비뇽 VS 피노 누아), 와인의 숙성 정도를 예상할 수 있다.

- 레드와인은 안토시안, 화이트와인은 플라본이라는 색소성분을 갖고 있다.
- 와인이 숙성됨에 따라 색조 및 빛깔이 변한다.

표 9-1 »» 와인 종류별 숙성에 따른 색상변화

	Young Wlne -〉 Old Wine				
레드와인	생생한 자주빛 → 루비색 → 암홍색 → 벽돌색 → 갈색 → 오렌지색				
화이트와인	옅은 노란색, 연한 초록색 → 호박색 → 황금색				
로제와인	옅은 핑크 → 붉은 핑크 → 살구색 → 연어색 → 양파껍질색				

2) 후각적 관찰

와인 시음의 두 번째 단계인 후각은 포도품종, 떼루아, 양조방법, 빈티지, 보관 장소 등에 따라 다른 향을 나타낸다. 특히 포도품종들마다 특징적인 향을 갖고 있다.

① 포도품종에 따른 특징적인 향

표 9-2 ››› 포도품종에 따른 향

레드와인 품종	특징적인 향	화이트와인 품종	특징적인 향
까베르네 소비뇽	블랙베리, 블랙커런트, 체리, 검은 올리브, 마른 담뱃잎	샤르도네	사과, 복숭아, 파인애플, 메론, 헤이즐넛, 미네랄
피노 누아	크랜베리, 딸기, 체리, 말린자두	소비뇽 블랑	고양이오줌, 아스파라거스, 잔디깎은 향, 시트러스, 부싯돌
시라/쉬라즈	검은 올리브, 후추 및 향신료, 체리, 박하, 유칼립투스, 초콜릿, 가죽	리슬링	미네랄, 자몽, 레몬, 시트러스, 사과, 패션푸르츠
메를로	딸기, 블랙베리, 블랙커런트, 자두, 허브, 라스베리	게뷔르츠트라미너	자몽, 시트러스, 라벤더, 플로럴, 망고, 열대과일
산지오베제	라스베리, 향신료, 자두, 삼나무	피노 그리	장미, 플로럴, 리치(lychee), 배, 복숭아, 살구, 견과류
네비올로	제비꽃, 체리, 자두, 송로버섯	슈냉 블랑	잔디깎은 향, 시트러스, 건초, 사과, 배, 열대과일
뗌프라니요	허브, 블랙베리, 검은딸기, 토양(earthy), 향신료	세미용	레몬그라스, 시트러스, 사과, 배, 무화과, 토스크, 스모크

② 양조방법에 따른 후각

와인의 발효와 숙성을 하기위해 오크통이 사용된 것은 수천 년이 되었다. 최근 들어 오크통보다 관리가 수월한 스테인리스스틸 탱크에 와인을 숙성시키면서 나무향 대신 신선한 포도와 과실향의 풍미를 좀더 살릴 수 있는 와인이 만들어졌다.

그러나 소비자들이 오크통에서만 나오는 풍부한 나무향, 토스트향, 바닐라향을 더 좋아하게 되자 스테인리스스틸 탱크에서 나무향이 나오게 하는 대안을 찾아내게 되었다. 오크를 조각내어 놓은 오크칩과 심지어 오크파우더 등을 와인에 첨가하는 방법이다(좋은 방법은 아니지만 와인에 영향을 미치는 것은 아니다).

발효가 끝난 와인을 어떤 오크통(아메리칸 오크 vs 프렌치 오크)에 숙성을 했느냐에 따라 향이 달라지는 것은 양조과정에서 설명하였다. 와인의 향을 맡을 때 한번 집중해서 맡아보시길!

그러나 모든 와인을 오크통에 숙성한다고 해서 좋은 것은 아니다. 포도품종과 양조자의 스타일에 따라 오크통에 숙성하기도, 스테인리스스

스테인리스스틸 탱크에 나무향을 첨가하기
위해 넣는 오크파우더

스테인리스스틸 탱크에 나무향을 첨가하기
위해 넣는 오크칩

틸 탱크에 숙성하기도 한다. 오크통에 숙성했을 경우에는 토스트, 바닐
라, 나무향과 같은 향들이 새롭게 생성된다. 스테인리스스틸 탱크에 숙
성했을 경우에는 새롭게 생기는 향은 없지만, 포도품종마다 갖는 고유
의 향을 보존할 수 있는 장점이 있다.

③ 아로마(Aroma)와 부케(Bouquets)

포도품종과 양조방법에 따라 와인에 미치는 향이 달라진다고 설명하
였다. 그럼 아로마와 부케는 어떤 차이가 있을까?

아로마는 포도품종 고유의 향을 말한다. 따라서 과실향, 꽃향, 야채
향과 같은 향이 나고 스월링(Swirling)하기 전에 나는 향이다.

부케는 우리가 알고 있듯이 신랑이 신부에게 청혼할 때 사용하는 부

스월링(Swirling)이란
'잔 흔들기'란 뜻으로
잔을 흔듦으로써 와인에
산소를 공급해 맛과 향이
더 우러나오게 하기 위한
것이다. 와인을 공기에
노출시킴으로써 더
풍부한 부케와 아로마가
발생된다.

코르키드 와인(Corked Wine)

코르키드 와인은 와인병 마개로 사용된 코르크마개가 TCA(Trichloroanisole, 트리클로로아니솔)라는 유
기화합물로 인해 오염되어 병 속의 와인에 영향을 미치게 된다. TCA에 오염된 와인은 곰팡이냄새, 젖
은 마분지 등의 기분 나쁜 향이 나게 된다(프랑스어; 부쇼네 Bouchonne).
그렇다고 해서 코르키드 와인을 예방할 수 있는 방법은 없다. 다만 와인병 마개를 코르크 외의 다른 마
개로 사용해야 한다. 그 결과 스크류캡 등의 마개가 개발되어 현재 수많은 와인메이커들이 코르크에서
스크류캡으로 바꾸고 있다.

케와 같은 단어이다. 프랑스어로 작은 꽃다발이라는 뜻을 지니고 있는 부케는 와인의 숙성의 방법, 보관, 숙성시간에 따라 새롭게 생성되는 향을 뜻한다. 부케는 나무향, 가죽향, 동물향, 버터향과 같은 향이며 스월링(Swirling)을 하면 훨씬 더 풍부하게 많이 난다.

아로마보다 부케가 좀 더 총체적인 냄새라고 할 수 있다. 와인 시음가들은 아로마와 부케를 통틀어 노즈(nose)라고 한다.

3) 미각적 관찰

드디어 와인을 맛볼 차례이다. 그렇다고 해서 급하게 한 번에 마시면 안 된다.

앞서 시각과 후각에서 느꼈던 감각을 혀끝에 집중하고 느끼는 순간이라고 생각해야 한다.

와인을 시음할 때 한 모금을 입안에 넣고 조심스럽게 씹어보면서 입안 곳곳을 적셔본다고 생각하며 시음해야 한다. 또한 휘파람을 불듯이 입술을 오므리고 공기를 호흡해 향을 느껴보면 시각+후각+미각의 결정체를 경험할 수 있을 것이다.

① 기본 미감

와인을 시음할 때는 단맛, 신맛, 쓴맛, 짠맛, 감칠맛을 느낄 수 있다. 이중 단맛이 가장 첫 번째로 감지되는 미각이며, 쓴맛은 시간이 지날수록 느껴지고 지속되는 시간도 길다. 그러나 이러한 기본미감은 개인별로 차이가 있는데, 그 이유는 개인마다 각자 혀의 구조와 미각돌기(미뢰)의 예민함이 다르기 때문이다. 보통사람에게는 약 1만개의 미뢰가 있는데, 사람에 따라 2만개의 미뢰를 갖고 있는 사람이 있는 반면, 미뢰가 거의 없는 사람도 있다. 미각도 후각과 마찬가지로 충분히 연습과 훈련으로 발달시킬 수 있다.

② 와인의 구조감

와인 시음에 있어서 가장 표현하기 어렵고 연습이 필요한 부분이다. 일반적으로 침용 과정을 어떻게 거쳤느냐에 따라 와인의 재질감, 즉 느

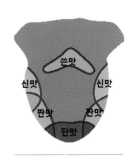

혀의 구조

낌이 달라진다.

피노 누아처럼 껍질이 얇은 포도와 침용 과정을 짧게 보낸 와인은 재질이 부드러운 와인으로 만들어지고, 반대로 까베르네 소비뇽과 시라와 같이 껍질이 두꺼우며 침용 과정을 길게 보낸 와인은 거칠고 입안의 탄닌의 느낌도 매우 묵직하게 느껴진다.

이때 중요한 것이 바로 바디감(Body)이다. 바디는 입안에서 느껴지는 액체의 무게감을 말한다. 알코올이 높고, 탄닌이 풍부하며, 당도가 높은 와인이 시음을 했을 때 바디감이 무겁게 느껴진다. 즉 바디감은 가볍다 혹은 무겁다 등으로 표현할 수 있는데, light 〈 medium light 〈 medium 〈 full과 같은 순서와 용어로 표현한다.

그렇다고 바디가 좋다고 해서 반드시 좋은 와인은 아니니 오해하지 말기를.

와인의 풍미는 오래 지속될수록 '여운(Finish)이 길다(length)'로 표현하는데, Finish가 길다 혹은 짧다로 표현한다. 프랑스어로는 꼬달리(caudalie)라고 하며 여운이 길게 남는 와인이야말로 훌륭한 와인이라고 할 수 있다.

그러나 무엇보다 중요한 것은 화이트, 레드와인 모두 균형과 조화를 이루어야 한다는 것이다. 화이트와인은 단맛(당도)과 신맛(산도)의 조화가 중요하고, 레드와인은 신맛(산도), 단맛(당도), 쓴맛(탄닌)이 균형적으로 조화를 이루어야 훌륭한 와인이라고 할 수 있다.

액체의 무게감의 차이를 느끼고 싶다면, 물 → 우유 → 요거트 순으로 마셔보라. 요거트가 가장 무겁고 묵직하기 때문에 요거트를 먹은 후 우유를 마시면, 우유의 맛이 느껴지지 않는다. 따라서 와인도 가벼운 와인을 먼저 시음한 후 무거움 와인을 시음해야 한다.

③ 와인의 균형감(Balance)

레드와인과 화이트와인의 가장 큰 차이점은 탄닌의 유무이다. 탄닌

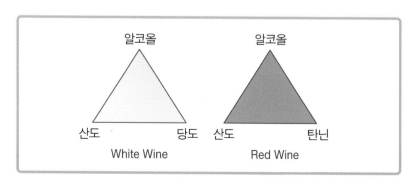

은 껍질에서 추출되는데, 레드와인은 껍질과 함께 양조하기 때문에 레드와인에는 탄닌이 있고, 화이트와인에는 탄닌이 없다. 따라서 와인의 균형감도 레드와인과 화이트와인에 차이가 있다.

중요한 점은 둘 다 정삼각형의 형태로 입속에서 느껴져야 균형감 있는 와인이라고 표현할 수 있다. 정삼각형의 크기는 바디감으로 인해 형성된다.

액체의 무게감 = 바디감

4. 시음용어

버나드 클렘(Bernard Klem)의 와인스피크(WineSpeak)에는 와인 시음과 관련된 표현을 3만여 개 이상으로 표현하고 있다. 또한 오즈클라크(OZ Claker)의 와인이야기(Introduction Wine)에도 와인 시음 용어가 약 50여 개 정도 정리되어 있다. 그만큼 와인을 표현하는 용어는 다양하다. 여기서는 대략적으로 가장 많이 사용하는 용어만 몇 가지 정리하였다.

표 9-3 ›› 유용한 시음용어

Acetic(신)	Fresh(프레쉬)	Rich(감칠맛이 나는)
Aromatic(아로마가 풍부한)	Full(향이 무겁고 진한)	Ripe(농익은)
Buttery(버터향이 풍부한)	Grassy(풀냄새)	Rounded(향이 조화로운)
Balanced(균형잡힌)	Jammy(잼 같은)	Spicy(향긋한 또는 매콤한)
Chewy(씹히는 듯한)	Light(라이트한)	Structured(맛이 짜여진)
Complex(복합적인)	Minerally(미네랄 냄새가 나는)	Toasty(토스트 냄새가 나는)
Crisp(상쾌한, 바삭바삭할 정도로 신맛이 남)	Meaty(육즙의)	Body(바디)
Dusty(먼지와 같은 흙냄새)	Oaky(오크향을 풍기는)	Vanilla(바닐라)
Earthy(흙냄새가 나는, 마른 흙에 비가 내릴 때 나는 냄새)	Petrolly(휘발유 냄새가 나는)	Nutty(견과)
Dry(드라이하다, 단맛이 없다)	Powerful(향이 강렬한)	Finish(여운)

○ 시음노트

시음노트를 작성하게 되면 와인에 대한 좀 더 객관적인 평가가 가능해진다. 또한 어떤 와인을 언제 마셨는지에 대한 기록이기 때문에 와인을 공부할 때 시음노트는 필수라고 할 수 있다.

와인 시음의 3단계(시각 → 후각 → 미각)에 맞춰 시음노트를 한번 작성해 보자. 나만의 와인일기가 탄생되지 않을까?

종류:		국가:	지역:
품질등급 및 Appellation 명칭:			
빈티지:			알코올:
와인명 및 생산자:			
포도품종:			가 격:
외관 Appearance			
주색상 & 색조:			
점 도: 묽은/가벼운/보통/진한/묵직한			
향 Aroma & Bouquet			
강 도: 아주강함 – 강함 – 보통 – 약함 – 아주약함 – 침잠			
종 류: 과일/건과/야채/꽃/향신료/견과/나무/미네랄/			
맛 Taste & Flavor			
산 도: 낮은 – 부드러운 – 적당한 – 높은 – 강한			
당 도: dry – off dry – medium dry – medium sweet – sweet			
알코올: 낮은 – 부드러운 – 적당한 – 높은 – 강한			
타 닌: 약한 – 부드러운 – 적당한 – 견고한 – 강한			
풍 미:			
바 디: light – M. light – medium – M. full – full			
균 형: 불균형 – 그런대로 – 괜찮은 – 좋은 – 훌륭한			
구 조: 단순한 – 가벼운 – 짜여진 – 다음어진 – 농밀한			
여 운: 3초 이내 – 5~10초 – 10~15초 – 15~20초			
호감도:			점 수: /10
총 평			메 모

5. 와인글라스

　전문적인 시음을 하는 경우에는 객관적인 평가를 하기 위해 INAO 글라스를 사용하는 것이 좋다. 그러나 일반적으로 와인을 즐길 때는 와인종류에 따라 다른 글라스를 사용해야 한다.

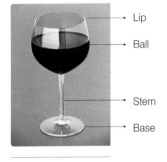

Lip
Ball
Stem
Base

글라스 각 부분 명칭

글라스의 종류

- 레드와인의 경우 공기와 접촉이 매우 중요하다. 탄닌이 공기와 만나면서 향과 풍미가 풍부해지기 때문에 볼이 넓은 글라스가 필요하다. 그러나 보르도와 부르고뉴는 와인양조 스타일이 다르고, 포도품종의 차이가 있어 와인글라스의 모습도 다르다. 보르도의 경우 탄닌이 풍부한 까베르네 소비뇽을 중심으로 블렌딩을 하기 때문에 공기와 직접적으로 접촉할 수 있는 글라스가 좋다. 부르고뉴의 경우 향이 풍부한 피노 누아로 양조하기 때문에 향을 최대한 느낄 수 있는 볼 부분이 넓은 글라스가 좋다.
- 화이트와 로제와인의 경우 중간 크기의 글라스를 준비하면 되는데, 신선한 과실향을 바로 느낄 수 있기 때문이다.
- 스파클링 와인의 경우 플룻(Flute)글라스라고 하여 얇고 긴 글라스가 필요하다. 스파클링 와인, 특히 샴페인의 경우 끊임없이 올라오는 기포가 생명이기 때문이다.

| 보르도 레드와인글라스 | 부르고뉴 레드와인글라스 | 화이트와인글라스 | 샴페인글라스

○ 와인글라스 중요성 관련 기사

[사람과 공간] 와인잔의 미학

"같은 와인을 서로 다른 두 개의 잔에 따랐는데 첫 향부터 각각 차이가 확연했어요."

해가 뉘엿뉘엿 넘어가는 지난 토요일 오후. 와인 애호가 송지선씨(38)는 재밌는 실험담을 들려줬다. 소위 명품급 2개사 와인 잔을 놓고 프랑스 보르도 와인을 비교 테이스팅했는데, 혀를 감싸며 파고드는 감촉부터 미세한 끝맛까지 큰 차이를 느꼈다는 것이다. 한쪽 잔은 메독 와인의 특징인 삼나무와 커피 향이 선명하게 올라왔는데, 다른 잔은 비릿하면서 흙냄새 같은 복잡함이 섞여 쉽게 표현하기 곤란했다며 와인 마시기에서 잔이 그렇게 중요할 줄 몰랐다고 놀라워했다.

그러고 보면 어렵다. 와인 한잔을 마시는 데도 잔을 바꿔주며 까탈을 부려야 하니 말이다. 알고 마시면 더 맛있다는 '와인 잔의 법칙'. 이번에는 속살인 '와인'이 아닌 미적 도구 '껍데기'를 벗겨봐야겠다.

와인 잔은 와인 마시기 문화에 기술과 미적 요소가 첨가되면서 변화를 거듭해왔다. 문헌을 보면 17세기만 해도 토기, 나무, 가죽으로 만든 그릇에 담아 마시는 것이 일반적이었지 특별히 와인 잔에 대한 기록은 없다. 그러나 1600년 초반, 영성체 때 유리잔을 쓰지 말라는 교황의 지시가 눈길을 끈다. 하지만 공교롭게도 유리 와인 잔이 인기를 얻게 된 것은 교황의 지위가 떨어진 종교개혁 때부터라고 한다. 베네치아를 중심으로 기술발전이 이뤄졌고, 와인 잔은 유럽 상류사회에서 귀한 대접을 받았다. 지금처럼 와인 잔의 특징인 손잡이가 등장한 것은 1600년대 초반. 그러나 향이 날아가지 않도록 고안된 둥근 사발 모양은 당시 거의 없었다고 한다.

현대 와인 잔의 진보는 아슬아슬하기까지 하다. 곡선미는 인체를 닮았고 입술에 닿는 표면은 종잇장처럼 날렵하다. 땅의 기운과 기후, 인간의 땀까지 모두 담아내는 심미적 도구라고 해도 과언이 아니다. 잔은 기본적으로 튤립, 달걀 또는 풍선 모양의 몸통과 가늘고 긴 다리로 구성되어 있다. 와인의 생명인 독특한 향을 날려 보내지 않기 위해 가운데 부분을 부풀렸고, 입구는 오므라들게 제작되었다.

포도품종이나 산지, 와인의 종류에 따라 잔의 모양은 달라진다. 까베르네 소비뇽과 메를로가 주 품종인 프랑스 보르도 지역 잔은 입구가 안쪽으로 굽은 전형적인 튤립형이다. 이는 향기를 가두는 역할을 하며 특히 장기숙성시킨 와인의 맛을 최상으로 끌어올린다. 그러나 같은 프랑스라고 해도 2대 와인산지 중 하나인 부르고뉴 잔은 가운데가 더 불룩하게 나온 풍선형이다. 이는 딸기와 꽃 향기가 그윽한 주 품종 피노 누아의 매력을 한껏 느끼게 하기 위한 배려다.

그렇다면 보편적으로 와인 잔은 어떤 것을 골라야 할까. 누구는 화려한 조각과 꽃무늬가 그려진 장식장 속 20년 붙박이 잔을 떠올릴지도 모르겠다. 그러나 최소한 와인 잔을 새로 구입해야 한다면 다음 네 가지만은 고려하도록 하자.

첫째, 와인 잔은 맑고 투명해야 한다. 와인을 잔에 따라 흰 종이에 비춰보았을 때 선명하게 색감을 감지할 수 있어야 한다. 특정 와인이 이미 절정기를 넘긴 퇴물인지, 너무 어린지, 불투명하여 문제가 있는지는 잔을 기울여 색감만 보고도 상태를 알 수 있기 때문이다. 따라서 조각이 들어갔거나 색깔이 있고 두꺼운 잔은 선택하지 않는 게 좋다.

둘째, 향기를 넉넉히 맡을 수 있게 볼이 커야 한다. 병 속에서 긴 잠을 잔 와인이 코르크를 뽑아내고 공기와 섞이면서 향기가 달라지는 미묘한 변화를 느끼는 것은 와인 마시기의 가장 큰 즐거움 중 하나다. 따라서 흔들었을 때 넘치지 않도록 적당히 크면서 풍부한 볼륨을 가지고 있고, 그 향이 날아가지 않도록 입구가 좁아지게 디자인돼 있어야 한다.

셋째, 입술이 닿는 부분이 얇고 거칠지 않아 마시기 편해야 한다. 촉감이 주는 즐거움도 크기 때문이다. 잔을 돌려가며 다른 한 손으로 잔의 가장자리를 만져보고 매끈하게 잘 빠졌는지 살펴본다. 두께가

얇을수록 심미적인 만족도는 크다.

넷째, 안정적인 잔의 모양도 중요하다. 와인 잔은 다리(stem)가 길고 얇아 불안정한 것이 사실이다. 해서 씻거나 이동하면서 자주 깨먹게 된다. 좋은 와인 잔의 경우 하나에 수만원을 호가하니 돈 생각을 안할 수 없다. 어떤 잔은 다리가 유독 길어 불안하고, 어떤 잔은 너무 짧아 볼(ball)에 자꾸 지문이 찍히기도 한다. 잡아보고 손에 맞는 편한 것을 고른다.

세계적으로 애호가들에게 호평받는 와인잔들은 국제표준기준 ISO(International Standards Organisation)에 맞춰 디자인되어 있다. 최적의 용기에서 와인의 특징을 맛보도록 하기 위함이다. 대표적인 제품으로 독일 슈피겔라우, 오스트리아 리델, 독일 쇼트츠위젤, 일본 호야 등이 있다. 와인 전문점이나

모던한 윤곽이 돋보이는 슈피겔라우 플래티늄 갈라 시리즈 왼쪽부터 일반적인 레드와인 잔, 보르도 와인 잔, 화이트와인 잔, 스파클링 와인 잔, 물 잔

백화점에서 쉽게 구할 수 있다. 나라식품 조남행 상무(42)는 "슈피겔라우는 500년 역사를 자랑하며 400여 명의 직원 중 70여 명이 아직도 입으로 직접 불어 수작업 와인 잔을 만든다"고 말했다. 가볍고 잘 깨지지 않아 애호가들로부터 사랑을 받고 있는 명작. 2000년 6월 평양 남북정상회담 만찬회장에서 사용하여 유명세를 탔던 리델 잔이 최근 슈피겔라우를 인수해 같은 집안이 되었다.

그러나 크리스털 와인 잔은 아름다움과 기능적인 장점이 많은 반면에 납 성분을 함유하였다는 유해성 논란은 피해갈 수 없는 논제다. 얼마전 베토벤 사인을 둘러싸고 과학자들은 그가 납 중독이었음을 거론한 바 있다. 그러면서 평소 그가 와인을 즐겼고, 매일 사용하던 주석 잔에 포커스를 뒀다. 물론 크리스털 와인 잔은 아니었지만 애호가들은 자신들이 쥐고 있는 와인 잔을 한번씩 쳐다봤음은 물론이다. 하지만 현재 슈피겔라우, 쇼트츠위젤 등 일부 업체들이 납 대신 티타늄 등 대체물질을 사용한다는 소식이 반갑게 들려온다.

와인 잔에 대해 '까다로운 규칙'을 세세히 설명했지만, 와인 마시기에서 꼭 지켜야 하는 철칙은 아니다. 철학가 루소는 "나는 우유, 계란, 샐러드, 치즈, 흑빵, 평범한 와인만 있으면 행복하게 살 수 있다"고 말했다. 그에게 있어 와인은 사치음료가 아니고 생활 속의 기호이며 문화이고, 한잔의 낭만인 것이다. 최상의 와인을 잘 갖춰진 잔에 마시면 더할 나위 없겠지만 삶은 그다지 녹록하지만은 않은 법. 곁에 좋은 사람이 있고, 와인 한 병과 그저 다리가 있는 2,000원짜리 와인 잔만 있어도 즐길 수 있는 여유만 있다면 루소처럼 소박해도 행복하지 않겠는가.

출처: [경향신문] 2006년 8월 30일

와인병의 종류

와인 1병은 750ml이다. 그러나 750ml 와인만 만드는 것은 아니다.
주로 통용되는 병의 명칭과 용량은 다음과 같다.

표 9-4 》》 와인병의 명칭과 용량

병의 크기	명칭	샹파뉴 지역 명칭
375ml	Half Bottle(하프버틀)	Demie(드미)
750ml	Bottle(버틀)	Bouteille(부테이유)
1500ml	Magnum(매그넘)	Magnum(매그넘)
3000ml	Double Magnum(더블 매그넘)	Jeroboam(제로보암)

샤또 무똥 로칠드(Château Mouton-Rothschild) 가장 오른쪽부터 하프버틀 - 버틀 - 매그넘
- 더블매그넘이다. 그 이상의 크기는 제작 혹은 와이너리에서 장기보관용 와인으로 만든 것이다.

1. 와인 시음조건에 대해 설명하시오.

2. 와인을 시음하는 단계는 어떻게 되는가?

3. 아로마와 부케의 차이점은?

4. 코르키드 와인이란 무엇을 뜻하는가?

5. 와인의 구조감에 대해 설명하시오.

6. 꼬달리(Caudalie)의 뜻?

7. 레드와인과 화이트와인의 균형감은 어떻게 다른가?

PART

IV

wine

구세계
와인

프랑스
wine

프랑스는 세계 3대 와인 생산국 및 수출국으로 와인산업에 있어서 고대부터 21세기까지 명성, 품질, 마케팅 모든 면에서 최고라고 할 수 있는 국가이다.

프랑스는 대서양과 지중해가 둘러싸고 있으며, 알프스 산맥, 피레네 산맥 등이 기후를 조절하고, 960km에 달하는 루아르강 등 포도를 재배하는 자연적 조건 역시 뛰어나다고 할 수 있다.

세계 3대 와인 생산국 및 수출국 : 프랑스, 이탈리아, 스페인

프랑스 생산지역

프랑스의 대표적 생산지역은 표 10-1과 같다. 그 중에서도 보르도와 부르고뉴가 가장 대표적인 지역이다. 여러 가지 품종을 블렌딩하여 양조하는 보르도, 단일 품종으로 양조하는 부르고뉴는 최고의 라이벌이면서, 세계 최고의 명품와인을 만드는 곳이기도 하다. 그 외에 샹파뉴, 론, 루아르, 알자스 등의 산지들이 있다.

표 10-1 ››› 프랑스 생산지역별 와인특징

생산지역	와인특징
보르도 (Bordeaux)	뛰어난 자연조건으로 인해 훌륭한 명품와인이 많이 생산되는 곳이다. 주로 레드와인이 유명하다.
부르고뉴 (Bourgogne)	황제의 와인이라 불리며, 세계적으로 비싼 와인이 생산되는 곳이다. 레드와 화이트와인 모두 유명하다. 영어로는 버건디(Burgundy)라고 한다.
론 (Rhône)	북부론과 남부론 두 지역으로 나뉘며, 묵직한 스타일의 레드와인이 유명하다.
샹파뉴 (Champagne)	세계 최고의 스파클링 와인으로 유명한 곳이다. 샴페인이라는 명칭을 보호하기 위해 샹파뉴 지역에서 생산된 스파클링 와인만 샴페인이라고 지칭할 수 있다.
알자스 (Alsace)	독일과 경계 지역에 있는 곳으로 화이트와인이 유명하다. 또한 독일과 와인 스타일도 매우 흡사하다.
루아르 (Loire)	960km에 달하는 루아르강을 따라 화이트와인을 중심으로 생산되지만, 레드는 물론 로제, 스파클링 등 다양한 와인이 생산되고 있다.

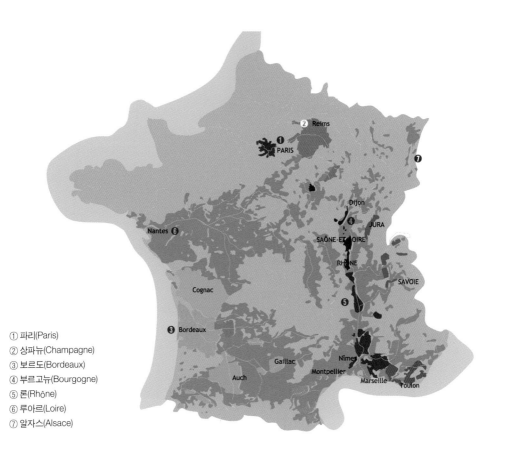

① 파리(Paris)
② 샹파뉴(Champagne)
③ 보르도(Bordeaux)
④ 부르고뉴(Bourgogne)
⑤ 론(Rhône)
⑥ 루아르(Loire)
⑦ 알자스(Alsace)

프랑스 와인법

　프랑스와인이 명성을 얻고 유지하는 비결은 바로 등급 제도이다. 1855년에 개최된 파리 만국박람회를 계기로 등급제를 도입하였고, 보르도에서 처음으로 등급(Level)을 정리하기 시작하였다. 등급제 이후부터 품질에 대한 엄격한 규정과 관리가 유지되고 있는데, 1935년 아펠라시용 도리진 콩트롤레(Appellation d' Origine Contrôlée; AOC, 원산지명칭 통제 관리)라는 규정에 의해 까다롭게 규제를 하고 있다. 그 후 1963년 유럽 와인 통제 체제에 흡수되어 규정을 정비하였다.

　AOC규정에 따르면 크게 퀼리티 와인(Quality Wine)과 테이블 와인(Table Wine)으로 나뉘어 있다. 퀼리티 와인은 원산지 명칭을 관리 받는 AOC와 VDQS(Vins de Qulite Superieure; 뱅 델리미떼 드 깔리떼 수뻬리에)가 있다.

　AOC의 경우 다음과 같은 조건을 반드시 충족해야 한다.

- 생산지역
- 포도품종
- 포도재배방법
- 1헥타르당 최대 수확량
- 양조법 및 숙성방법
- 최저 알코올 도수

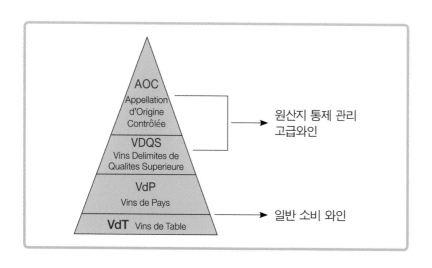

그러나 VDQS는 AOC로 승급되려는 와인이 거쳐 가는 등급으로 AOC의 조건들과 거의 비슷하다. 그러나 VDQS는 소수의 카테고리이며 프랑스와인 생산량 전체의 1% 미만으로 매우 작다.

일반적으로 소비되는 테이블 와인은 뱅드 따블(Vin de Table)과 뱅드 페이(Vin de Pays)로 구분된다. 우선 뱅드 따블은 프랑스와인 전체 생산량의 약 35%를 차지하고 있다. 프랑스 어디에서든지 생산될 수 있으며 포도품종에 대한 제약도 없다. 따라서 뱅드 따블은 화이트와인인지, 레드와인인지만 표시한다.

뱅드 페이 와인은 프랑스와인 전체 생산량의 약 20%를 차지하며, 주로 남프랑스 지역에서 생산되고 있다. Pay의 뜻이 프랑스어로 "지역, 나라"라는 뜻으로 프랑스와인이 어떤 특징을 보여 줄 수 있는지 느낄 수 있는 와인이라고 생각하면 되겠다. 뱅드 페이는 지역, 포도품종, 수확량, 분석적 표준치에 대한 규제를 받고 있다.

위의 프랑스 AOC제도는 환경적인 변화와 프랑스와인의 질적 향상을 위해 2009년 EU 신제도 변경에 따라 새롭게 정비되었다. 프랑스의 새로운 제도는 다음과 같다.

표 10-2 ››› EU 신규규정

원산지 명칭 보호와인(AOP)	Appellation Origine Protégée
지리적 표시 보호와인(IGP)	Indication Géographique Protégée
지리적 표시 없는 와인(SIG)	L'Etiquetage des Vins Sans Indication Géographique

신 규정에 따르면, AOC → AOP로 변경되어 AOP가 최상위 등급이 되었다. VDQS는 삭제되고, 기존의 VDQS에 해당되는 와인들은 IGP 혹은 AOP로 변경예정이다.

Vin de Pays는 IGP로 변경되고, Vin de Table은 주로 SIG로 변경된다.

1. 프랑스와인의 찬란한 유산 보르도

1) 보르도 개요

프랑스 그라브의 샤또
스미스 오 라피트(Château
Smith Haut Lafitte) 전경

　　포도가 잘 자라고 명품와인의 최대 생산지인 보르도는 3세기경부터 포도를 경작해왔다. 가장 오래된 역사를 가지고 있는 것은 아니지만 최고의 포도밭이라고 인정받는 곳이다.

　　약 11만 8천 헥타르의 포도원이 있는 보르도는 멕시코 만류와 대서양의 온난한 기후, 유럽에서 가장 높은 모래 언덕, 랑드 지역의 거대한 숲이 최고의 와인으로 보답하고 있다. 세 개의 강과 바람, 일조량이 뒷받침 되면서 보르도 와인은 전 세계적으로 사랑받고 있다.

보르도에는 지롱드강
(Gironde), 갸론강
(Garonne), 도르돈뉴강
(Dordogne) 이렇게 세
개의 강이 있다.

　　중세시대에는 프랑스 서부지방을 아뀌뗀(Aquitaine)이라는 명칭으로 불려졌었다. 1154년에 아뀌뗀 공주와 영국 왕자가 결혼을 하면서 300년 동안 영국과 많은 양의 와인을 교류하게 되어 와인생산량도 역시 급증하는 변화를 가져왔다. 보르도에서 생산하는 만큼 영국에서 모두 소비되던 이 시기가 바로 보르도 와인의 첫 번째 발전계기라고 할 수 있다. 이때 보르도에서 생산하는 와인은 클라레(Clairet)이라는 이름으로 영국으로 수출되었다.

　　두 번째 발전계기는 1855년 파리만국박람회를 시작으로 보르도에서

클라레(Clairet)는 로제와인과 레드와인의 중간 정도라고 할 수 있다. 보르도에서 생산하는 클라레는 로제와인보다 침용 시간을 길게하여 양조하는 것이 특징이다.

처음으로 와인의 등급을 분류하기 시작했다. 등급제를 시행하면서 샤또들이 와인 생산에 대한 자부심과 좋은 등급에 들어가기 위한 끊임없는 노력을 시도한 시기라고 할 수 있다.

그러나 프랑스와 영국 간의 백년전쟁(1337~1453년)을 시작으로 영국은 보르도 와인이 아닌 스페인과 포르투갈의 와인 수입에 눈을 돌리기 시작했다(주정강화 와인의 탄생과 연관이 있다). 백년전쟁으로 영국이라는 가장 큰 고객을 잃기도 했지만 대신 영국 이외 다른 유럽국가에 수출길이 열리게 되었다(독일, 노르웨이, 스웨덴, 북유럽 등). 보르도 와인의 자부심은 바로 품질 좋은 와인을 생산한다는데 있다.

중세 영주가 살던 성이나 도시를 외부의 침략으로부터 지키기 위해 단단하게 쌓아 올렸던 성벽을 가리키는 말로 처음 샤또(Château)라는 말을 사용한 것은 16세기이다.

보르도 1등급 그랑 크뤼인 오 브리옹의 소유주인 장 드 퐁딱(Jean de Pontac)경이 포도밭 한가운데 작은 성을 지으면서 "샤또"라는 명칭을 붙이면서부터 사용하게 되었다.

단순하게 건물과 포도농장 그리고 양조장이 샤또라는 용어를 사용하면서 와인의 품질에 자부심과 고급스러움을 더하게 되는 일석다조의 효과를 누리는 결과를 가져왔다.

샤또란 무엇인가?

프랑스 법에 '샤또'란 소유지에 와인의 양조시설과 저장시설까지 갖춘 일정 면적의 포도원에 딸린 집이다. 만약 이러한 기준에 못 미치면 그곳에서 생산된 와인은 샤또와인으로 불릴 수 없다.
따라서 와인병에 샤또명이 표기되어 있다며, 프랑스 법의 규정에 따라 그 샤또는 실제로 존재하고, 와인양조자 소유인 것이다.
샤또의 어원은 라틴어인 카스툼(castrum)에서 나온 말로 마을을 둘러싼 성곽을 의미한다.

2) 보르도의 지리적 및 토양 특징

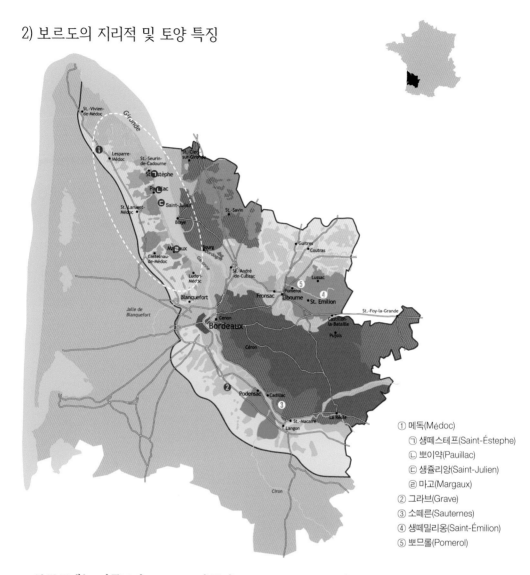

① 메독(Médoc)
　㉠ 생떼스테프(Saint-Éstephe)
　㉡ 뽀이약(Pauillac)
　㉢ 생쥴리앙(Saint-Julien)
　㉣ 마고(Margaux)
② 그라브(Grave)
③ 소떼른(Sauternes)
④ 생떼밀리옹(Saint-Émilion)
⑤ 뽀므롤(Pomerol)

　보르도에는 지롱드강(Gironde), 갸론강(Garonne), 도르돈뉴강(Dordogne)
으로 3개의 강이 있다. 갸론강과 도르돈뉴강이 합해져 지롱드강이 되
며 대서양으로 연결된다. 보르도가 프랑스와인의 찬란한 유산인 이유
는 강이 있음으로 해서 풍부한 수자원의 혜택을 받으며 명품와인이 만
들어질 수 있는 자연적 혜택을 누리고 있기 때문이다.

　보르도는 지롱드강을 중심으로 좌안(Left Bank)과 우안(Right Bank)으
로 구분된다. 좌안은 갸론강과 연결되는 지롱드의 좌측에 위치한 곳으
로 메독, 그라브, 소떼른이 해당된다.

　우안은 도르돈뉴강과 연결되는 지롱드의 우측에 위치한 곳으로 생떼

밀리옹(Saint-Émilion)과 프롱싹(Fronsac), 블라이(Blaye)가 해당된다. 또한 엉트르 드 메르(Entre-Deux-Mers)는 '강과 강 사이'라는 의미인데, 갸론 강과 도르돈뉴강 사이를 말한다. 그러나 엉트르 드 뫼르는 지역의 뜻에서도 알 수 있듯이, 떼루아의 특징으로 토양에 퇴적물이 많아 좋은 와인은 많이 생산하지 못하는 지역이다.

보르도의 토양은 세 가지로 구분할 수 있다. 섬세하고 균형과 바디가 있는 와인을 생산하는 자갈토양, 무게감 있고 섬세함이 덜한 와인을 만드는 두꺼운 점토(진흙질)와, 가벼운 와인을 생산해 내는 석회질 토양이다.

보르도 좌안인 메독(Médoc)과 그라브(Grave)는 자갈이 풍부한 지역으로 배수가 잘되는 특징이 있으며, 우안에 해당되는 생떼밀리옹, 뽀므롤은 진흙질이 풍부한 토양이 특징이다. 각 지역의 떼루아 특징은 다음과 같다.

표 10-3 »» 보르도 지역별 토양 특징

지역명	토양 특징
메독 (Médoc)	– 가장 우수한 포도밭은 지롱드강 내포 위에 약간 경사진 동쪽에 위치 – 메독의 토양은 자갈과 모래 토양으로 이루어져 있고, 지하층은 두께를 달리하며 갸론강의 퇴적물로 구성
그라브 (Grave)	– 메독보다 좀 더 두터운 자갈층 위에 암석토 – 자갈층으로 흙내음과 미네랄 향이 바로 이 토양에서 기인
생떼밀리옹 (Saint-Émilion)	– 점토, 석회, 모래, 자갈을 다양한 성분으로 구성 – 그랑 크뤼 클라쎄에 해당하는 모든 샤또가 언덕지대 위나 언덕 경사면 등 좋은 지리에 위치
뽀므롤 (Pomerol)	– 페트뤼스(Pérus): 철분이 풍부하고 비옥한 점토층 – 샤또 라플뢰르-페트뤼스(La Fleur-Pétrus): 점토가 거의 없고, 모래와 자갈 – 위의 두 와인은 같은 팀이 동일한 양조방식으로 제조되지만, 토양의 차이 때문에 와인맛은 전혀 다르게 나타남

그 밖에 꼬뜨(Côtes) 포도원들이 있는데, 꼬뜨의 포도원들은 보르도 전역의 여러 지역에 나뉘어져 있다. 주로 기복이 심한 구릉지대를 따라 위치해 있으며, 꼬뜨의 정상은 점토성 석회질토양으로 구성되어 있고, 낮은 비탈에는 석회질 지층과 자갈이 섞인 지역들도 있다.

따라서 여러 꼬뜨의 명칭으로 생산된 와인은 각기 다른 특징을 가지게 된다.

3) 보르도의 재배 포도품종

보르도는 좌안과 우안의 토양이 다르기 때문에 좌안의 메독, 그라브 등에서는 까베르네 소비뇽을 중심으로 재배하며, 우안의 생떼밀리옹, 뽀므롤에서는 메를로가 중심으로 재배된다. 또한 와인양조는 거의 예외 없이 여러 가지 포도품종을 블렌딩하여 만들고 있다. 대표적으로 재배되고 있는 레드와인과 화이트와인 품종은 다음과 같다.

O 레드와인

① 까베르네 소비뇽(Cabernet Sauvignon)

- 보르도 레드와인의 대표적인 품종으로 메독과 그라브 지역에서 주로 재배된다.
- 배수가 잘되고 건조한 토양에서 잘 자라는 까베르네 소비뇽은 메독과 그라브 지역의 토양과 환상궁합이다.

② 메를로(Merlot)

- 까베르네 소비뇽보다 탄닌은 약하지만, 매우 우아한(Elegance) 매력을 가지고 있는 메를로는 메독과 그라브 지역에서는 보조적인 품종으로 재배된다.
- 생떼밀리옹 지역에서는 주품종으로 재배되며 까베르네 소비뇽을 블렌딩하여 와인을 만들고 있다.
- 메를로는 진흙질에서 매우 잘 자란다.

③ 쁘띠 베르도(Petit Verdot)

- 메독에서만 재배되고 사용되는 품종으로 와인의 골격(Structure)을 형성하는데 매우 중요한 역할을 하고 있다.
- 탄닌은 까베르네 소비뇽보다 부드러우며 알코올이 높은 특징이 있다.

쁘띠 베르도는 블렌딩 비율이 약 5% 미만임에도 불구하고 와인양조에 매우 중요한 역할을 담당한다.

○ 화이트와인

① 소비뇽 블랑(Sauvinon Blanc)

- 주로 페삭 레오냥 지역에서 재배되고 있다. 특히 샤또 스미스 오 라피트(Château Smith Haut Lafitte)에서는 소비뇽 95%를 사용하여 화이트와인을 만들고 있다.
- 보르도에서 재배되는 소비뇽 블랑은 아로마(레몬, 자몽향)가 매우 풍부하며 깔끔한 맛이 돋보인다.

② 세미용(Semillon)

- 소떼른 지역이 주 재배지역인 세미용은 보트리티스로 인한 귀부 현상이 매우 잘 일어나는 품종이다.
- 단맛이 강한 특징이 있다.

③ 뮈스카데(Muscadelle)

- 뮈스카(Muscat) 품종과는 전혀 관련이 없는 품종이지만, 발음 때문에 종종 같은 품종으로 오해를 받는 품종이다. 소떼른 지역에서 주로 재배되며, 세미용과 소비뇽 블랑에 보완적 역할을 하여 스위트한 와인으로 만들 때 사용된다. 보르도의 엉트르 드 메르 지역에서는 소떼른에서의 역할과 달리, 뮈스카델을 블렌딩하여 드라이한 화이트와인을 만들고 있다.

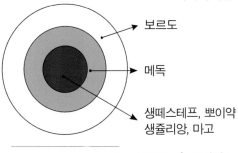

보르도

메독

생떼스테프, 뽀이약
생쥘리앙, 마고

와인이 표시될 때 중심부에 가까운 지역일수록 퀄리티가 높은 와인이며, 가격도 비싸다.

4) 보르도의 와인 생산지역

① 메독(Médoc)

보르도에서 가장 중요한 와인 산지로서 귀족 AOC들이 몰려있는 곳이다.

- 메독(Médoc AOC)
- 오메독(Haut-Médoc AOC) : 메독보다 섬세하며 구조가 잘 잡힌 와인을 만듦
- 메독에는 생떼스테프, 뽀이약, 생쥘리앙, 마고 마을이 있다.

보르도 〉 메독 〉 생떼스테프/뽀이약/생쥘리앙/마고

표 10-4 》 메독 마을의 지역적 특징

메독소속 마을 이름	지역적 특징
Saint-Éstephe (생떼스테프 AOC)	– 강한 풀바디 와인으로 약간 거친 느낌도 있지만, 오래 숙성되면 부드러워지며 복합미를 갖춘 와인 생산
Pauillac (뽀이약 AOC)	– 진한 암홍색으로 구조가 견고하며 균형 잡힌 바디를 가지고 있는 와인을 생산 – 그랑크뤼 와인의 보고(1등급에 속한 샤또가 3개나 있음)
Saint-Julien (생쥴리앙 AOC)	– 뽀이약 농축미와 마고의 섬세함을 가지고 있는 조화로운 와인 생산 – 매년 일관된 품질을 보여줌
Margaux (마고 AOC)	– 부드럽고 온화한 비단결 같은 여성적 매력이 돋보이는 와인을 생산하며 가장 많은 그랑크뤼를 포함

② 그라브(Grave)

- 700년의 역사를 가지고 있으며 레드와인의 비단결 같은 부드러움은 중세시대부터 유명하였다.

- 그라브 지역의 토양은 매우 다양하여 "매 발자국마다 토질이 다르다"라고 말할 정도이지만, 공통적인 특징은 굵은 자갈 성분이 많다는 것이다.

- 보르도시 인근의 페삭 레오낭(Pessac-Leognan AOC)은 최근 탄생한 AOC로 그라브 북부 마을의 고급 포도원들이 자리하고 있다.

③ 소떼른(Sauternes)

- 갸론강과 시롱(Ciron) 천이 만나 형성되는 강변의 특이한 국소기후 덕분에 세계 최고의 스위트와인을 생산하는 곳이다(보트리티스가 잘 발생됨).

- 4개의 계단식 충적토 단구로 이루어져 있는데, 대체적으로 진흙 침전물로 덮여 있어 토양이 깊고 신선하다.

- 소떼른 AOC가 가장 유명하며, 초기의 신선한 꽃향기와 열대 과실향이 숙성되면서 진하고 풍부한 아카시아, 오렌지, 꿀향기로 변하며 오크의 견과향과 특유의 보트리티스향이 주는 복합미가 뛰어나다.

- 이밖에 바르싹(Barsac), 세롱스(Cerons) 등의 스위트와인 AOC가 있다.

샤또 디껨(Château d'Yquem) 전경 쉽게 넘을 수 없는 높은 성벽이 보여주듯이 양조시설은 그 어느 누구에게도 공개하지 않는다.

④ 생떼밀리옹(Saint-Émilion)

- 메독, 그라브 지역보다 오랜 역사를 자랑한다.
- 메를로 품종을 주종으로 하여 석회질 및 점토질 토양에서 부드 럽고 유연한 레드와인을 생산하고 있다.
- 생떼밀리옹 지역에도 등급이었는데, 메독 등급과는 달리 10년마 다 재평가를 실시하며 품질 관리를 하고 있다.

⑤ 뽀므롤(Pomerol)

- 생떼밀리옹의 서쪽에 위치한 지역으로 자갈과 진흙이 적당히 섞 여 메를로 품종이 특별한 자기표현을 연출하는 곳이다.
- 강하면서도 탄닌이 부드러운 와인을 생산하고 있다.

5) 보르도 지역 와인의 등급체계

① 메독(Médoc)

메독 지역은 다른 지역들 보다 약 150년 빨리 와인에 등급을 정하였 다. 1855년 파리만국박람회를 기준으로 AOC에 포함된 샤또들 중에서 도 최상급 와인만 골라 1등급부터 5등급까지 등급을 정하였다. 이런 등 급체계를 크뤼 클라쎄(Cru Classé)라고 하며, 가장 최고의 1등급 와인을 프리미에 크뤼(Premier Cru)라고 한다.

메독의 1855년 보르도 우수 레드와인 공식 등급은 다음과 같다.

표 10-5 ≫ 메독 지역 등급(총 61개 샤또)

	포도원	AOC
1등급 프리미에 크뤼 PREMIERS CRUS (5곳)	샤또 라피트 로췰드 Château Lafite-Rothschild 샤또 라투르 Château Latour 샤또 마고 Château Margaux 샤또 오 브리옹 Château Haut-Brion 샤또 무통 로췰드 Château Mouton-Rothschild	뽀이약 뽀이약 마고 페삭 레오냥(그라브) 뽀이약
2등급 되지엠 크뤼 Deuxièmes CRUS(14곳)	샤또 로장 세글라 Château Rausan-Ségla 샤또 로장 가시 Château Rausan Gassies 샤또 레오빌 라스 카스 Château Léoville-Las-Cases 샤또 레오빌 푸아페레 Château Léoville-Poyferré 샤또 레오빌 바르통 Château Léoville-Barton 샤또 뒤르포르 비방 Château Durfort-Vivens 샤또 라콩브 Château Lascombes 샤또 그뤼오 라로즈 Château Gruaud-Larose 샤또 브랑 캉트낙 Château Brane-Cantenac 샤또 피숑 롱그빌 바롱 Château Pichon-Longueville-Baron 샤또 피숑 롱그빌 라랑드 Château Pichon-Longueville-Lalande 샤또 뒤크뤼 보카이유 Château Ducru-Beaucaillou 샤또 코스 데스투르넬 Château Cos d'Estournel 샤또 몽로즈 Château Montrose	마고 마고 생쥘리앙 생쥘리앙 생쥘리앙 마고 마고 생쥘리앙 마고 뽀이약 뽀이약 생쥘리앙 생테스테프 생테스테프
3등급 트르와지엠 크뤼 TROISÈMES CRUS(14곳)	샤또 지스쿠르 Château Giscours 샤또 키르완 Château Kirwan 샤또 디상 Château d'Issan 샤또 라그랑주 Château Lagrange 샤또 랑고아 바르통 Château Langoa-Barton 샤또 말레스코 생텍쥐페리 Château Maledcot-St-Exupéry 샤또 캉트낙 브라운 Château-Cantenac-Brown 샤또 팔메 Château Palmer 샤또 라 라귄 Château La Lagune 샤또 데스미라일 Château Desmirail 샤또 칼롱 세귀르 Château Calon-Ségur 샤또 페리에르 Château Ferriére 샤또 달렘므 Château d'Alesme (옛, 마르키스 달렘므 Marquis d'Alesme) 샤또 보이드 캉트낙 Château Boyd-Cantenac	마고 마고 마고 생쥘리앙 생쥘리앙 마고 마고 마고 오메독 마고 생테스테프 마고 마고 마고

4등급 카트리엠 크뤼 QUATRIÈMES CRUS(10곳)	샤또 생 피에르 Château St-Pierre	생쥴리앙
	샤또 브라네르 뒤크뤼 Château Branaire-Dicru	생쥴리앙
	샤또 탈보 Château Talbot	생쥴리앙
	샤또 뒤아르 밀롱 로칠드 Château Duhart-Milon-Rothschild	뽀이약
	샤또 푸제 Château Pouget	마고
	샤또 라 투르 카르네 Château La Tour-Carnet	오메독
	샤또 라퐁 로셰 Château Lafon-Rochet	생테스테프
	샤또 베이슈벨 Château Beychevelle	생쥴리앙
	샤또 프리외레 리쉰 Château Prieuré-Lichine	마고
	샤또 마르키스 드 테름 Château Marquis de Terme	마고
5등급 생퀴엠 크뤼 CINQUIÈMES CRUS(18개)	샤또 퐁테 카네 Château Pontet-Canet	뽀이약
	샤또 바타이에 Château Batailley	뽀이약
	샤또 그랑 푸이 라코스트 Château Grand-Puy-Lacoste	뽀이약
	샤또 그랑 푸이 뒤카스 Château Grand-Puy-Ducasse	뽀이약
	샤또 오 바타이에 Château Haut-Batailley	뽀이약
	샤또 린치 바주 Château Lynch-Bages	뽀이약
	샤또 린치 무사 Château Lynch-Moussas	뽀이약
	샤또 도작 Château Dauzac	오메독
	샤또 다르마약 Château d'Armailhac	뽀이약
	(1956~1988년에는 '샤또 무통 바롱 필립 Château Mouton-Baron-Philippe'이었음)	
	샤또 뒤 테르트르 Château du Tertre	마고
	샤또 오 바주 리베랄 Château Haut-Bages-Libéral	뽀이약
	샤또 페데스클로 Château Pédesclaux	뽀이약
	샤또 벨그라브 Château Belgrave	오메독
	샤또 카망삭 Château Camensac	오메독
	샤또 코스 라보리 Château Cos Labory	생테스테프
	샤또 클레르 밀롱 로칠드 Château Clerc-Millon-Rothschild	뽀이약
	샤또 크루아제 바주 Château Croizet Bages	뽀이약
	샤또 캉트메를르 Château Cantemerle	오메독

② 그라브(Grave)

그라브 지역에서는 그랑크뤼 클라쎄라고 하며 1959년에 제정되었으며, 샤또 오 브리옹(Château Haut-Brion)을 포함하여 다음의 유명 샤또들이 있다.

- 샤또 부스코 Château Bouscaut
- 샤또 오 바이이 Château Haut-Bailly
- 샤또 카르보니외 Château Carbonnieux
- 도멘 드 슈발리에 Domaine de Chevalier
- 샤또 드 피외잘 Château de Fieuzal

- 샤또 올리비에 Château Olivier

- 샤또 라 뚜르 마르티야크 Château La Tour-Martillac

- 샤또 스미스 오 라피트 Château Smith-Haut-Lafitte

- 샤또 파프 클리망 Château Pape-Clément

- 샤또 라 미숑 오 브리옹 Château La Mission-Haut-Brion

- 샤또 말라르틱 라그라비에르 Château Malartic-Lagraviere

③ 소떼른(Sauternes)(총 26개 샤또)

소떼른은 특등급인 그랑 프리미에 크뤼 1개, 1등급인 프리미에 크뤼 11개, 2등급 되지엠 크뤼 14개의 샤또가 있다.

표 10-6 ››› 소떼른 지역 등급

특등급 그랑 프리미에 크뤼 Grand Premier Cru	샤또 디켐 Château d'Yquem
1등급 프리미에 Premier Cru (11개)	샤또 쉬뒤로 Château Suduiraut 샤또 클리망 Château Climens(바르삭) 샤또 리외섹 Château Rieussec 샤또 라 투르 블랑슈 Château La Tour Blanche 샤또 라포리 페라게 Château Lafaurie-Peyraguey 끌로 오 페라게 Clos Haut-Peyraguey 샤또 드 레인 비뇨 Château de Rayne-Vigneau 샤또 시갈라 라보 Château Sigalas-Rabaud 사또 쿠테 Château Coutet(바르삭) 샤또 기로 Château Guiraud 샤또 라보 프로미 Château Rabaud-Promis
2등급 되지엠 크뤼 Deuxièmes Cru (14개)	샤또 다르슈 Château d'Arche 샤또 브루스테 Château Brouster(바르삭) 샤또 카이유 Château Caillou(바르삭) 샤또 드 말르 Château de Malle 샤또 라모트 Château Lamothe 샤또 미라 Château Myrat(바르삭) 샤또 드와지 다엔 Château Doisy-Daëne(바르삭) 샤또 드와지 베드린 Château Doisy-Védrines(바르삭) 샤또 드와지 뒤브로카 Château Doisy-Dubroca(바르삭) 샤또 필로 Château Filhot 샤또 네락 Château Nairac(바르삭) 샤또 쉬오 Château Suau(바르삭) 샤또 로메 디 아요 Château Romer du Hayot 샤또 라모트 기냐르 Château Lamothe-Guignard

④ 생떼밀리옹(Saint-Émilion)

생떼밀리옹은 1955년에 제정되었으며, 10년에 한 번씩 등급조정을 실시하고 있다. 샤또 슈발 블랑(Château Cheval Blanc)을 포함하여 다음의 유명 샤또들이 있다.

- 샤또 오존 Château Ausone
- 샤또 앙젤뤼스 Château Angelus
- 샤또 벨레르 Château Belair
- 샤또 피작 Château Figeac
- 샤또 카농 Château Canon
- 샤또 막들레느 Château Magdelaine
- 샤또 파비 Château Pavie
- 샤또 슈발 블랑 Château Cheval Blanc
- 끌로 푸르테 Clos Fourtet
- 샤또 라 가플리에르 Château La Gaffeliere
- 샤또 트로프롱 몽도 Château Troplong Mondot
- 샤또 트로트비에유 Château Trottevieill
- 샤또 파비 마캥 Château Pavie Maquin
- 샤또 보 세쥬 베코 Château Beau-Séjour-Bécot
- 샤또 보 세쥬 뒤포 라가로스 Château Beauséjour-Duffau-Lagarrosse

뽀므롤에 위치한
샤또 페트뤼스 전경

⑤ 뽀므롤(Pomerol)

뽀므롤에는 재배면적이 보르도에서 가장 작은 지역이다. 따라서 뽀므롤은 공식적인 등급을 매길 수 있을 만큼의 와인이 생산되지 않는다. 그러나 등급에 들어간 와인들보다 더 비싸고 훌륭한 와인이 많다. 다음은 뽀므롤 와인 중 반드시 기억해야 할 샤또들이다.

- 샤또 페트뤼스 Château Pétrus
- 샤또 라 플뢰르 페트뤼스 Château La Fleur-Pétrus
- 샤또 르팽 Château Le Pin
- 샤또 네냉 Château Nénin
- 샤또 가쟁 Château Gazin
- 샤또 플랭스 Château Plince

엉 프리뫼르(En Primeur)

와인 판매에 관련된 프랑스어로 선물매매(先物賣買)를 뜻한다. 즉 와인을 병입하기 전 실시하는 거래를 말하며 보통 매년 3월부터 실시한다. 프랑스 보르도에서 시작되었으나, 현재는 부르고뉴와 론 지방에서도 매년 실시하고 있다.

세컨드 와인(Second Wine)

세컨드 와인이란 그랑크뤼 와인의 서브 와인으로 생각하면 된다. 포도밭에서 가장 어린 포도나무에서 수확한 포도로 만들거나, 새로 경작한 포도밭 혹은 같은 포도밭이라도 구석진 곳에서 수확한 포도를 따서 만들었기 때문이다.

물론 그랑크뤼 와인과 같은 밭이라고 해도 포도가 조금 다르기 때문에 미묘한 차이는 있을 수 있겠지만, 양조자와 양조방법은 모두 같으므로 그랑크뤼 와인을 저렴한 가격에 마실 수 있는 것이다.

그랑크뤼 와인	세컨드 와인
샤또 오 브리옹 Château Haut-Brion	2006년 빈티지까지 샤또 바앙 오브리옹(Château Bahans Haut Brion) 2007년 빈티지부터 르 클라랑스 드 오브리옹(Le Clarence de Haut Brion)
샤또 라피트 로췰드 Château Lafite-Rothschild	샤또 카뤼아드 드 라피트 Château Carruade de Lafite
샤또 라뚜르 Château Latour	샤또 레 포르 드 라뚜르 Château Les Forts de Latour
샤또 마고 Château Margaux	파비옹 루즈 뒤 샤또 마고 Pavillon Rouge du Château Margaux
샤또 무통 로췰드 Château Mouton-Rothschild	르 쁘띠 무통 Le Petit Mouton

2. 프랑스의 황금의 언덕 부르고뉴

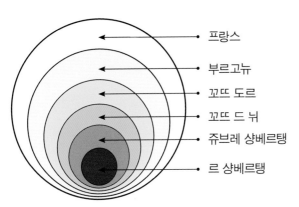

프랑스
부르고뉴
꼬뜨 도르
꼬뜨 드 뉘
쥬브레 샹베르탱
르 샹베르탱

와인이 표시될 때 중심부에
가까운 지역일수록
퀄리티가 높은 와인이며,
가격도 비싸다.

1) 부르고뉴 지역 와인의 등급체계

보르도에서는 가장 좋은 와인을 프리미에 크뤼(Premier Cru=1er Cru)라고 하고, 두 번째로 좋은 와인을 그랑크뤼(Grand Cru)라고 한다.

그러나 부르고뉴에서는 가장 좋은 와인을 그랑크뤼(Grand Cru), 두 번째를 프리미에 크뤼(Premier Cru)라고 하니 혼동하지 말기 바란다.

또한 부르고뉴와 보르도의 등급을 정하는 가장 중요한 기준은 부르고뉴는 포도밭이 기준이며, 보르도는 샤또를 기준으로 등급을 정하고 있다.

어려운가? 그냥 부르고뉴와 보르도는 같은 프랑스이지만, 와인에 있어서는 그저 별개의 나라라고 이해하는 편이 오히려 쉬울 것이다.

부르고뉴의 심장인 황금언덕, 꼬뜨 도르에서는 지역단위(generic), 마을단위(villages), 프리미에 크뤼 빈야드, 그랑크뤼 빈야드로 나뉜다.

만약 쥬브레 샹베르탱 와인을 마시고 있다고 가정해보자.

마을명만 표기되어 있을 때는 빌라쥬급 와인이고, 마을명과 포도원명이 같이 표시되어 있는 와인은 프리미에 크뤼급, 포도원명만 표기되어 있다면 그랑크뤼급 와인이다.

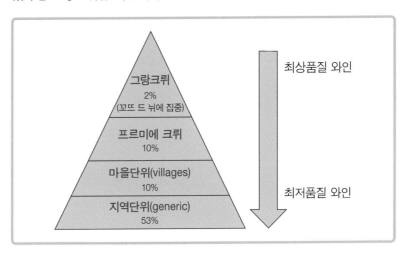

최상품질 와인

그랑크뤼
2%
(꼬뜨 드 뉘에 집중)

프르미에 크뤼
10%

마을단위(villages)
10%

지역단위(generic)
53%

최저품질 와인

한 가지 더 중요한 점은 부르고뉴의 훌륭한 와인양조자도 알고 있어
야 한다. 양조자에 따라 와인의 가격이 달라지기 때문이다.

부르고뉴 와인을 이해하기 위한 중요 와인용어는 다음과 같다.

- 끌리마(climat) : 아주 작게 나뉘어진 부르고뉴의 포도밭
- 모노폴(monopole) : 대부분 1개의 밭을 수십 명의 생산자가 공동으
  로 밭을 소유하는 경우가 많은데, 1개의 밭을 1개의 회사가 소유한
  단독밭
- DRC(Domaine de la Romanée-Conti) : 로마네 꽁띠, 라타슈를 소유한
  도멘 드 라 로마네 꽁띠의 약자
- 네고시앙(negociant) : 와인을 병입, 유통하는 중개상으로 포도나 햇
  와인을 사다가 블렌딩 혹은 병입하여 판매하는 업체.
- 버건디(Burgundy) : 영어로 부르고뉴를 뜻함.

2) 부르고뉴 개요

로마 점령기 이래 오랜 역사를 가지고 있는 와인 생산지역으로 중세
시대를 지나면서 수도원의 영향아래 특별한 포도밭 관리가 이루어진 곳
이 바로 부르고뉴이다.

1789년 프랑스 대혁명과 나폴레옹 시대를 지나면서 재산을 자녀의
수만큼 균등하게 상속하는 상속법이 생겨 포도밭이 잘게 나누어지는
결과를 낳았다. 이 때문에 부르고뉴에서는 같은 포도밭을 여러 명이 소
유하게 되었다. 따라서 포도밭을 소유하고 있지 않은 사람은 땅값이 너
무 비싼 탓에 포도밭을 사는 것보다 포도만 구입해서 와인을 양조하는
것이 훨씬 경제적으로 이득이 되었다. 그 결과 포도밭과 와인양조자를
연결해주는 중개상의 역할이 매우 중요하게 작용하게 되었고, 세계에서
가장 조밀하고 복잡한 원산지 명칭 체제를 갖게 되었다.

전체적으로 화이트와인과 레드와인의 비율이 60 : 40으로 화이트와인
의 생산량이 조금 더 돋보인다. 프랑스와인 전체 생산량으로 본다면 3.12%,
전 세계 전체의 생산량으로 본다면 0.33% 정도 밖에 되지 않는다. 생산량
은 매우 작지만 품질이 뛰어난 덕분에 가격이 매우 비싸다.

중개상을 프랑스어로
courtier(꾸르띠에)라고
한다. 부르고뉴에서는
네고시앙(négociant)도
매우 중요한데, 포도밭
주인에게 포도만 구입
하여 자신의 양조장에서
양조하거나, 와인을 벌크
혹은 배럴로 사들여 병입,
숙성시킨 후 네고시앙의
이름을 붙여 와인을 판매
하는 와인상인을 말한다.

차량 이동 중 창문으로 본 부르고뉴 포도밭 **부르고뉴 포도밭** 토양에서 부르고뉴의 힘이 느껴진다.

부르고뉴 와인은 황제의 와인이라고도 한다. 샤를르마뉴 대제(742~814)는 꼬뜨 드 본(Côte de Beaune)의 알록스 꼬르동(Aloxe corton) 와인을 엄청 사랑했다고 한다. 알록스 꼬르동 지역에서는 주로 레드와인만 생산했었는데, 화이트와인도 만들라는 지시에 만들었더니 레드와인 못지않은 훌륭한 와인이 만들어져서, 그랑크뤼 화이트와인이 탄생하게 되었다.

① 꼬뜨 드 뉘(Côte de Nuit)
② 꼬뜨 드 본(Côte de Beaune)

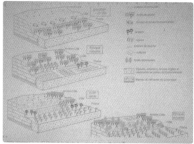

루이 14세는(1643~1715)는 꼬뜨 드 뉘(Côte de Nuits)의 뉘 생 조르쥬(Nu-its-Saint-Georges) 마을의 레드와인의 애호가였으며, 나폴레옹 1세(1769~1821)는 꼬뜨 드 뉘의 쥬브레 샹베르탱(Gevrey-Chambertin) 마을에서 생산되는 르 샹베르탱(Le Chambertin) 와인을 하루도 거르지 않고 마셨다고 한다.

3) 부르고뉴 지리적 및 토양 특징

부르고뉴는 파리에서 떼제베를 타고 2시간 정도면 도착하는 내륙지역이다. 대서양과 맞닿아 있는 보르도와 달리 부르고뉴는 바닷가에서 600km 떨어져 있는 내륙지역으로 대륙성 기후를 나타낸다. 겨울엔 영하 20도까지 내려갈 정도로 춥고(포도나무가 걱정되는가? 포도나무는 영하 28도까지는 견딜 수 있으니 걱정마시길), 여름엔 매우 덥고 건조한 기후를 나타낸다. 일조량은 1년에 약 2,000시간 정도이고, 강수량은 평균 700mm이다.

약 1억년 전은 공룡이 살았던 쥐라기시대(영화 쥐라기 공원의 배경과 같은 시대)이다. 이 시기에 해저 융기가 일어나면서 쥐라기시대의 공룡들은 모두 화석으로 땅속에 잠들게 되었다. 즉 부르고뉴의 토양은 쥐라기시대 해저 융기로 형성된 석회질 토양이다. 석회질 토양은 영양분은 거의 없고, 자갈이 많은 것이 특징인데, 아무 식물이나 심을 수 있는 토양은 아니지만 포도나무는 가능했다. 석회질은 와인에 섬세함과 우아함을 더해주고, 진흙질이 힘을 실어주어 최고의 와인이 탄생할 수 있는 조건을 갖추게 되었다.

도멘은 "소유", "땅"이라는 개념으로 주로 부르고뉴에서 사용하는 용어이다.
포도밭을 소유하고 포도재배에서부터 와인을 생산하기 위한 양조시설까지 갖춘 곳을 의미하며 보르도
의 "샤또"와 같은 뜻이다.
끌로(Clos)라는 표현을 와이너리에서 사용하는 경우도 볼 수 있다. 와인을 양조하던 수도원에서 자신의
포도밭 구획을 표시하기 위해 담을 치면서 사용한 용어이다.
담을 두른 포도밭이란 뜻으로 끌로 드 부죠(Clos-de-Vougeot), 끌로 생드니(Clos-Saint-Denis) 등이 있다.

끌로 드 부죠(Clos de Vougeot)의 포도밭

4) 부르고뉴 재배 포도품종

보르도는 여러 가지 품종을 블렌딩하여 와인을 양조하지만, 부르고뉴
에서는 단일품종으로 양조한다. 레드와인 품종은 피노 누아와 갸메, 화
이트와인 품종은 샤르도네와 알리고떼이다.

피노 누아는 재배가 까다로운 품종이나 부르고뉴의 떼루아와 찰떡
궁합을 과시하며 매우 섬세하고 과실향이 풍부하고 파워풀한 와인으로
태어난다. 레드와인 품종 중 또 다른 하나인 갸메는 보졸레의 품종으로
만 사용된다.

샤르도네는 미네랄이 풍부하며 우아한 풍미가 일품이다. 또한 쥐라기
시대에 땅속으로 들어간 공룡화석의 영향으로 비슷한 성분인 석화굴과
부르고뉴의 샤블리는 최고의 음식궁합을 자랑한다. 산도가 매우 인상적
인 알리고떼는 재배의 어려움이 있어 생산량이 많지는 않다.

표 10-7 ››› **부르고뉴 포도품종**

레드와인 품종	화이트와인 품종
피노 누아	샤르도네
갸메	알리고떼

5) 부르고뉴 와인 생산지역

부르고뉴는 보르도처럼 지롱드강을 중심으로 좌안, 우안이 나뉘어져 있는 것도 아니고, 블렌딩으로 와인을 양조하지도 않는다. 그러나 보르도 와인보다 이해하기가 훨씬 어렵다. 그 이유는 첫째, 상속법으로 잘게 나뉘어진 포도밭, 둘째, 포도밭의 주인이 여러 명이기에 주인들마다 와인의 스타일이 다르다. 셋째, 포도밭을 갖고 있지 않은 양조자는 포도만 매입하여 와인을 양조하고 판매(네고시앙)한다. 따라서 부르고뉴는 매우 복잡한 체계를 갖고 있다. 또한 부르고뉴 생산지역은 어느 한 곳도 중요하지 않는 곳이 없다. 결론은 부르고뉴는 지도를 많이 들여다보고, 어떤 양조자가 와인을 잘 만드는지 공부하고, 피노 누아의 매력을 느끼게 된다면 그리 어렵지 않을 것이다.

부르고뉴의 주요 생산지역은 다음과 같다.

표 10-8 ››› **부르고뉴 생산지역별 와인특징**

생산지역	와인특징	
샤블리 (Chablis)	– 부르고뉴 최북단에 위치한 지역 – 화이트와인만 생산(화이트 100%)	
꼬뜨 도르 (Côte d'Or)	꼬뜨 드 뉘 (Côte de Nuit)	레드 : 화이트 = 95 : 5 부르고뉴 최상급 레드와인생산지
	꼬뜨 드 본 (Côte de Beaune)	레드 : 화이트 = 70 : 30 세계 최고의 화이트와인
꼬뜨 샬로네즈 (Côte Chalonnaise)	– 가격대비 훌륭한 와 인 생산지역	레드 : 화이트 = 60 : 40
마꼬네 (Mâconnais)	– 샤블리보다 기후가 따 뜻한 편으로 가볍고 산 뜻한 와인 생산 – 화이트와인생산지	레드 : 화이트 = 15 : 85
보졸레 (Beaujolais)	– 갸메 100%의 레드와인 생산 – 과실향이 풍부하고 가 벼운 와인 생산	레드 : 화이트 = 99 : 1

부르고뉴에서는 꾸르띠에와 네고시앙이 매우 중요하다고 설명하였다. 특히 네고시앙은 자신이 소유한 포도밭이 없어도 와인을 생산할 수 있기 때문에 네고시앙에 대한 정보가 더 중요하다.

특히 한국인 최초로 박재화 대표가 운영하는 네고시앙이 있는데, 루 뒤몽(Lou Dumont)이다. 루 뒤몽에서 생산하는 '천지인(天地人)'은 '신의 물방울' 만화책에도 소개된 유명한 와인이다. 그 외 루 뒤몽에서 생산하는 다른 와인들도 매우 뛰어나다.

다음은 부르고뉴에서 유명한 네고시앙이다.

- 부샤르 페르 에 피스 Bochard Père et Fils
- 샹송 Chanson
- 자플랭 Jaffelin
- 조셉 드루앵 Joseph Drouhin
- 라브레 루아 Labouré-Roi
- 루이 자도 Louis Jadot
- 루이 라투르 Louis Latour
- 올리비에 르플레이브 프레르
  Olivier Leflaive Frères

샹송 부르고뉴 피노누아(Chanson
Le Bourgogne Pinot Noir)

부샤르 페르 에 피스 몽텔리 프르미에 크뤼 레 뒤레스
(Bouchard Père & Fils Monthèlie 1er Cru Les Duresses)

① 샤블리(Chablis)

샤블리는 부르고뉴 최북단에 위치하고 있는 지역으로 화이트와인만 생산한다. 약 3,000헥타르의 이회암성 석회질 토양에서 우아하고 고상한 화이트와인이 생산한다. 쥐라기시대 키메리앵토양이 섞여 있으며 이 토양으로 인해 바디가 견고하고 미네랄이 풍부한 와인이 탄생된다.

샤블리의 등급은 4개로 구분되며 다음과 같다.

표 10-9 ››› 샤블리 등급

등급명	특징
샤블리 그랑 크뤼(Chablis Grand Cru)	- 샤블리 중 최고 등급 - 한정 생산
샤블리 프리미에 크뤼 (Chablis Premier Cru)	- 우수한 품질의 샤블리 - 특정 포도원에서 생산
샤블리(Chablis)	- 샤블리 지역에서 재배된 포도로 생산
쁘띠 샤블리(Petit Chablis)	- 가장 평범한 샤블리

② 꼬뜨 도르 - 꼬뜨 드 뉘(Côte d'Or - Côte de Nuits)

꼬뜨 도르(Côte d'Or)는 황금의 언덕이라는 뜻이다. 그 중 꼬뜨 드 뉘(Côte Nutis)는 부르고뉴 와인산지의 심장부이며 특히 레드와인에 있어서 최적의 산지라고 할 수 있다. 레드와인과 화이트와인의 생산량이 95 : 5로 레드와인이 독보적이다.

꼬뜨 드 뉘는 디종(Dijon)에서 꼬르골루앵(Corgoloin)까지 이르는 와인산지이며 중기 쥐라기시대에 이루어진 석회질 토양에서 파워풀하면서도 부드럽고 깊은 향, 비교적 높은 알코올 도수, 장기보관용 와인을 생산하는 곳이다.

주요 마을은 다음과 같다.

- 쥬브레 샹베르땡(Gevrey-Chambertin)
- 부죠(Vougeot)
- 모레 생드니(Morey-Saint-Denis)
- 본 로마네(Vosne-Romanee)
- 뉘 생 조르쥬(Nuits-Saint-Georges)

본 로마네(Vosne-Romanée) 마을의 로마네 꽁띠(Romanée-Conti) 포도밭

꼬뜨 드 뉘(Côte de Nuit)

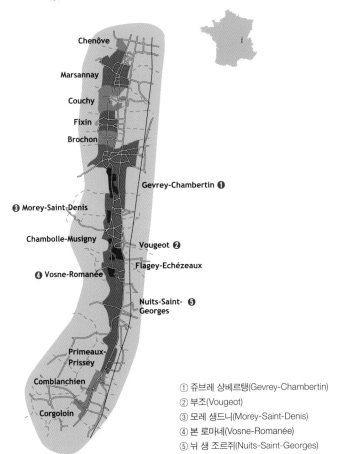

Chenôve
Marsannay
Couchy
Fixin
Brochon
Gevrey-Chambertin ❶
❸ Morey-Saint-Denis
Chambolle-Musigny
Vougeot ❷
Flagey-Echézeaux
❹ Vosne-Romanée
Nuits-Saint- ❺
Georges
Primeaux-
Prissey
Comblanchien
Corgoloin

본 로마네(Vosne-Romanée)
마을은 로마네 꽁띠
(Romanée-Conti)를
생산하는 마을이다.
로마네 꽁띠는 연간
생산량이 4천~6천병
밖에 되지 않아 상상을
초월할 만큼 가격이 매우
비싸다.

① 쥬브레 샹베르탱(Gevrey-Chambertin)
② 부조(Vougeot)
③ 모레 생드니(Morey-Saint-Denis)
④ 본 로마네(Vosne-Romanée)
⑤ 뉘 생 조르쥐(Nuits-Saint-Georges)

③ 꼬뜨 도르 – 꼬뜨 드 본(Côte d'Or – Côte de Beaune)

올리비에 르플레이브(Olivier Leflaive)에서 운영하는 레스토랑의 테이블 매트 자신들이 생산하는 와인의 레이블로 매트 디자인을 한 아이디어가 돋보인다.

꼬뜨 드 본(Côte de Beaune)은 라 두아(La Doix)마을에서 비롯하여 상뜨네(Santenay)의 바로 이웃에 있는 마랑쥬(Marange)에 이르기까지 약 25km 이르는 지역으로 대부분 경사지를 이루고 있다.

레드와인과 화이트와인의 생산량 비율이 70 : 30으로 균형 있게 발전된 조화로운 모습이다.

화이트와인은 섬세한 과실향과 완벽한 균형감으로 전 세계 사람들에게 사랑받고 있다. 높은 품질과 바디감이 풍부하며 섬세함이 돋보이는 레드와인도 완벽한 균형감을 보이고 있다.

꼬뜨 드 본(Côte de Beaune)

① 알록스 꼬르똥(Aloxe Corton)
② 포마르(Pommard)
③ 볼네(Volnay)
④ 뫼르소(Meursault)
⑤ 쀨리니 몽라쉐(Puligny Montrachet)
⑥ 샤사뉴 몽라쉐(Chassagne Montrachet)

꼬뜨 드 본의 토양은 전기 쥐라기에 형성된 것으로 이회암질과 석회질 토양이다.

주요 화이트와인 생산마을은 몽라쉐(Montrachet), 뫼르소(Meursault), 꼬르똥 샤를르마뉴(Corton-Charlemagne)이다. 주요 레드와인 생산마을은 알록스 꼬르똥(Aloxe-Corton), 볼네(Volnay), 포마르(Pommard)이다.

④ 꼬뜨 샬로네즈(Côte Chalonnaise)

꼬뜨 도르에서 남으로 향해 내려가다 보면 "샬롱 쉬르 손느"라는 이 지역 중심도시에 이르게 되는데, 꼬뜨 샬로네즈(Côte Chalonnaise)는 이 도시 주변에 발달한 와인 산지를 총칭해서 가리키는 말이다.

손느강을 껴안고 펼쳐져 있는 와인산지에서 레드와인과 화이트와인을 생산하고 있는데, 오늘날 우수한 품질로 평가받고 있다.

대표적인 생산마을은 부즈롱(Bouzeron), 멕퀴레(Mercurey), 휘이(Rully), 지브리(Givry), 몽타니(Montagny)가 있으며, 특히 부즈롱(Bouzeron)은 부르고뉴 화이트품종인 알리고떼를 위해 주어진 유일한 마을 단위의 AOC이며, 알리고떼의 명산지이다.

⑤ 마꼬네(Mâconnais)

부르고뉴 지방 제일 남쪽에 자리잡고 있는 마꽁(Macon)시 주변의 와인산지를 일컬어 마꼬네(Mâconnais)라고 한다. 그랑크뤼 와인과 프리미에크뤼 와인은 없지만 화이트와인은 매우 뛰어나다.

브레스 평원으로 뻗어있는 마꼬네는 일조량이 풍부하고 비가 적어 서리의 피해가 적다. 손느강의 빼어난 풍경과 선사시대의 유적들이 마꼬네 지역이 갖고 있는 명성이다. 포도원은 대부분 완만한 언덕에 위치해 있으며, 주로 석회암 토양이다. 레드와인은 보졸레처럼 갸메로 만들며, 화이트와인은 샤르도네로 만든다.

비레-클레세(Viré-Clessé), 생-베랑(Saint-Véran), 푸이-퓌세(Pouilly-Fussé), 푸이-로쉐(Pouilly-Loché), 푸이-뱅젤(Pouilly-Vinzelles) 등이 유명 마을이며 특히 푸이-퓌세(Pouilly-Fussé) 화이트와인이 가장 뛰어나다.

⑥ 보졸레(Beaujolais)

보졸레(Beaujolais)는 부르고뉴 남쪽에 위치한 곳으로 가볍고 과실향이 풍부한 와인을 생산하는 곳으로 갸메 100%로 생산한다. 우리가 잘 알고 있는 보졸레 누보는 보졸레는 지역명, 누보(Nouveau)는 '첫', '햇'이란

푸이-퓌메(Pouilly-Fumé) vs 푸이-퓌세(Pouilly-Fussé)
발음이 비슷해서 서로 무슨 관련이 있을지 모른다는 생각이 들 것이다.
그러나 푸이-퓌메는 루아르 지방의 와인으로 소비뇽 블랑 100%이고, 푸이-퓌세는 마꼬네 지역의 와인으로 샤르도네 100% 와인이다.
혼동하지 마시길~!

뜻으로 햇과일, 햅쌀처럼 그 해 첫 수확한 포도로 만든 와인이다. 보졸레 누보는 매년 11월 셋째주 목요일에 출시된다.

보졸레 누보는 어릴 때(young) 마시는 것이 좋고, 약간 차갑게 마셨을 때 훨씬 더 풍부한 풍미를 느낄 수 있다. 기본 보졸레보다 더 라이트하고 과실향이 풍부하다. 또한 보졸레 누보는 탄산가스 침용법으로 와인을 양조하여 아주 적은 탄닌과 풍부한 색, 과실향의 특징을 최대한 느낄 수 있다.

* 탄산가스 침용법은 와인양조 파트에서 설명하였다. 60페이지 참조

따라서 보졸레 누보는 한 해의 포도농사가 어떠했는지 미리 점쳐볼 수 있는 와인이므로 가급적 병입 후 6개월 안에 마시는 것이 좋다.

보졸레의 등급은 가장 최상급인 크뤼(Cru), 보졸레 빌라쥬(Beaujolais-Villages), 보졸레(Beaujolais) 이렇게 세 가지 등급으로 구분된다. 보졸레는 보졸레에서 생산되는 대부분의 와인이 포함되어 있다. 보졸레 누보는 최대한 빨리 마시는 것이 좋지만, 보졸레등급과 보졸레 빌라쥬등급은 1~3년 정도 보관하는 것이 좋다. 그러나 크뤼등급은 과실풍미와 탄닌감이 더 풍부해서 더 오래 보관해도 괜찮다(물론, 보관조건을 잘 지킨다는 전제 하에).

가장 최상급 크뤼등급의 마을은 10곳이다.

이들 마들은 북쪽에서부터 쌩 따무르(Saint Amour), 줄리에나(Juliénas), 세나(Chénas), 물랑아방(Moulin-à-Vent), 플러리(Fleurie), 시루블(Chiroubles), 모르공(Morgon), 레니에(Régnié), 브루이(Brouilly), 코트 드 브루이(Côte de Brouilly)다.

표 10-10 》》 보졸레등급

등급명	특징
크뤼(Cru)	– 보졸레 중 최상급
	– 생산마을 이름 = 와인명
보졸레 빌라쥬(Beaujolais-Villages)	– 보졸레의 특정 마을에서 생산
보졸레(Beaujolais)	– 보졸레 와인 대부분이 포함

보졸레 크뤼 10개 마을 위치

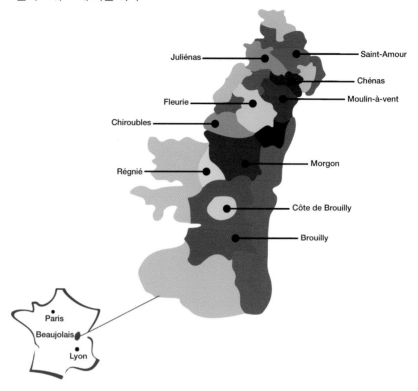

프랑스 와인의 가장 핵심이며 전 세계 와인애호가들에게 가장 사랑
받는 보르도와 부르고뉴는 양조방법, 포도품종, 와이너리 명칭, 등급기
준, 1등급 표시방법, 오크통의 명칭과 크기 모두 차이가 있다. 보르도와
부르고뉴 지역의 차이는 다음과 같다.

표 10-11 》》 **보르도 vs 부르고뉴 와인 비교**

		보르도	부르고뉴
포도품종		블렌딩	레드 : 피노 누아, 화이트 : 샤르도네
와이너리 명칭		샤또	도멘
등급기준		샤또	포도밭
1등급 표시	최상급	Premier grand cru	Grand cru
	두번째	Grand cru	Premier cru
오크통 명칭		Barrique(바리끄)	Piece(피에스)
오크통 크기		225리터	228리터

*간혹 와인병에 1er Cru라고 보일 것이다. 1er은 Premier의 약자로 Premier Cru와 같은 뜻이다.

3. 그 외 프랑스 지역

1) 샴페인의 원산지 상파뉴

파리에서 북쪽으로 145km 떨어져 있는 상파뉴는 세계에서 가장 훌륭한 스파클링 와인 생산지이다. 유명한 백악질 점토로 풍부한 미네랄이 특징인 와인이 생산된다.

상파뉴에서는 샤르도네(25%), 피노 뫼니에(40%), 피노 누아(35%) 이 세 가지 품종만 허용되며, 이 세 가지 품종을 블렌딩하여 샴페인을 만들고 있다.

만약 피노 뫼니에와 피노 누아만으로 샴페인을 만든 경우 블랑 드 누아(Blanc de Noir)라고 하며, 샤르도네 100%로 샴페인을 만든 경우에는 블랑 드 블랑(Blanc de Blanc)이라고 한다.

샴페인은 논빈티지(Non Vintage, NV로 표기), 빈티지(Vintage), 프레스티지 뀌베(Prestige Cuvée), 크게 세 가지로 나눠진다.

논빈티지 샴페인은 두 해 이상의 수확물을 블렌딩하는데, 베이스와인은 그 해의 빈티지로 60~80% 정도이며, 나머지 20~40%는 그 전해의 와인을 블렌딩하여 만든다.

빈티지 샴페인은 한 해의 빈티지로만 만들며 가격도 논빈티지 샴페인보다 비싸다. 매해 빈티지 샴페인을 만드는 것은 아니며, 특별히 포도수

Cuvée(뀌베)는 프랑스어로 '포도즙'을 뜻한다. 비슷한 단어로 Cuve(뀌브)는 프랑스어로 '발효조, 큰 탱크'를 뜻한다.

뵈브 클리코 라 그랑 담 1998 빈티지 샴페인 레이블 72페이지 참조

상파뉴에서 생산되는 샴페인 품종의 특징

① 피노 누아(Pinot Noir): 부르고뉴 레드와인의 명성을 가져온 포도품종. 피노 누아는 미숙할 때는 대개 특징적인 붉은 작은 열매 과실향을 갖고 있으나, 수년간의 숙성 후에는 야생 고기향을 띤다. 부르고뉴 레드와인 양조에 주로 사용되나 알자스, 쥐라, 뷔레 등의 다른 지방에서도 재배된다. 화이트와인로 양조될 경우에는 상파뉴(Champagne: 샴페인) 양조에 사용된다.

② 피노 뫼니에(Pinot Meunier): 샴페인의 제조에 사용되며 주로 마른(Marne)과 오브(Aube) 지방에서 재배되나, 발 드 루아르 지방과 동부지방(모젤와인과 꼬뜨 드 뚤)에서도 재배된다. 흰 곰팡이 병의 일종인 뫼니에가 미름에 사용된 까닭은 잎에 흰 솜털이 덮여 있기 때문이다.

③ 샤르도네(Chardonnay): 부르고뉴 화이트와인을 만드는 품종이며 상파뉴(Champagne: 또는 샴페인)지방, 특히 꼬뜨 드 블랑에서도 재배된다("상파뉴 블랑 드 블랑(blanc de blancs)"은 이 포도로만 생산한다). 쥐라와 루아르에서도 볼 수 있다. 샤르도네 품종으로 만든 화이트와인은 섬세하고 마른 과실향을 갖는 양질의 포도주로 재배지의 토양에 따라 오래 보관할 수 있다.

확이 좋았을 경우 생산된다.

프레스티지 뀌베는 한 해의 빈티지로만 만드는 것은 빈티지 샴페인과 같지만, 장기숙성을 시켜야 한다.

상파뉴 포도밭 전경

샴페인과 스파클링 와인은 샴페인이 상파뉴 지역에서 생산되는 스파클링 와인에만 붙이는 고유명사라는 차이점이 있다. 그러나 상파뉴 지역은 훌륭한 스파클링 와인을 생산하기에 더없이 좋은 떼루아를 갖고 있으며, 전통적인 방법으로 양조한다. 그러나 그 외의 스파클링 와인들은 품질이 저마다 다르며, 양조방법도 탱크 방식, 트랜스퍼 방식 등 다양한 방법으로 양조한다.

샴페인 와인병에 보면, NM 혹은 RM이 써져 있는 경우가 있다. 이는 생산자의 특성을 나타낸 줄임말로 NM은 Negociant Manipulant(네고시앙 마니퓔랑)의 약자이며, 포도재배자로부터 포도를 사서 샴페인을 만드는 경우이다. RM은 Récoltant Manipulant(레꼴땅 마니퓔랑)의 약자이

며, 자신이 직접 재배한 포도로 와인을 만드는 경우이다. 우리가 알고 있는 대부분의 유명 샴페인(모엣 샹동, 때땡져, 뵈브 클리코 등)은 NM이다. RM은 자신의 포도밭의 포도 100%로 샴페인을 만

들기 때문에 포도재배에서부터 양조까지 모든 과정을 관리할 수 있기에 품질면에서는 매우 훌륭한 샴페인들이다. 품질과 맛에서는 보장하지만, 생산량이 작기 때문에 가격은 포기해야 한다.

2) 파워풀한 와인의 대명사 론

부르고뉴 남쪽에 위치한 론 지방은 론강을 따라 리옹(Lyon)에서부터 아비뇽(Avignon)까지 약 225km에 걸쳐 있는 지역이다. 론은 프랑스 남부의 특징대로 기후가 매우 뜨겁고 일조량이 많다. 햇볕이 풍부한 탓에 포도의 당분이 높아 알코올 도수도 역시 높은 와인으로 많이 양조된다. 론 와인의 특징은 한마디로 강렬한 여름밤과 같다고 설명할 수 있다.

론 지방은 북부론과 남부론으로 뚜렷하게 구분되어 있는데, 지역으로만 구분되는 것이 아니라 와인 스타일도 전혀 다르다.

표 10-12 ›› **북부론 VS 남부론 와인 차이점**

구분	북부론	남부론
포도품종	레드와인: 시라(Syrah) 화이트와인: 비오니에(Viognier)	무르베드르, 그르나슈, 시라, 쌩쏘 등 13개까지 블렌딩 허용
와인특징	흙냄새, 진한 붉은과인, 견고한 탄닌	여러 가지 품종을 블렌딩하므로 양조방법에 따라 다양한 와인 스타일 양조됨
유명포도원	꼬뜨 로띠(Côte Rôtie) 에르미따쥬(Hermitage)	샤또네프 뒤 파프 (Châteauneuf-de-Pape) 지공다스(Gigondas) 타블(Tavel) - 로제와인

북부론은 훌륭한 경관과 주로 화강암이 특징이며, 레드와인의 경우 시라 단일 품종으로 양조를 한다. 남부론의 경우 프로방스에 인접해 있으며 지중해성 기후를 띠고 있다. 남부론은 블렌딩으로 와인을 만드는 것이 특징이며, 특히 샤또네프 뒤 파프(Châteauneuf-du-Pape)의 경우 그르나슈, 시라, 무르베드르, 쌩쏘 등 13개의 포도품종 블렌딩을 허용하고 있다.

남부론 중 타벨은 로제와인을 만드는 유명한 지역인데, 로제가 유명하게 된 이유는 지형과 기후의 특징 때문이다. 바닷가와 가까운 탓에 해산물이 주요 식재료였는데, 남부론은 뜨거운 기후 탓에 주로 레드와인 품종이 재배되고 있었다. 그러나 레드와인과 해산물의 궁합이 맞지 않자 로제와인을 만들기 시작한 것이다(역시 음식과 와인의 마리아쥬 힘은 대단하다). 타벨은 그르나슈를 주로 사용하여 로제와인을 생산하고 있다.

3) 아름다운 고성과 함께하는 루아르

루아르는 낭뜨 근처 아틀란틱해의 부르고뉴 끝자락에서부터 리옹 (Lyon)의 서부지방까지 뻗어있다. 프랑스에서 가장 긴 강인 루아르강은 966km의 길이를 자랑하며 루아르 지방의 경관과 함께하고 있다. 루아르는 고성이 많은 지역 중 하나인데, 왕족은 물론 프랑스인의 휴양지로도 사랑받는 지역이다. 바다와 강이 인접해 있어서 화이트, 레드는 물론 로제와 스파클링 와인도 생산되고 있다.

생생한 산도와 활기있는 과실향이 매력적인 화이트와인은 소비뇽 블랑과 슈냉 블랑을 주로 사용하여 와인을 만들며 레드와인은 까베르네 프랑과 갸메 등을 사용하여 우아한 와인을 만들어내고 있다.

루아르 지방의 와인은 와인 스타일과 빈티지를 보고 선택해야 제대로

도멘 생 쥐스트(Domaine de Saint-Just)에서 생산하는 와인

도멘 생 쥐스트(Domaine de Saint-Just) 옆의 동굴
토양의 특징을 나타내는 동굴이다.

즐길 수 있다. 또한 슈냉 블랑으로 만든 스위트와인이 두드러진다.

푸이-퓌메는 루아르 와인 중 가장 높은 바디와 농도를 지닌 드라이한 스타일의 와인이다. 뮈스까데는 라이트하고 드라이한 와인이며, 상세르(Sancerre)는 풀바디의 라이트한 뮈스까데의 중간 정도 되는 와인이다. 루아르 지방 중 앙쥐 소뮈르(Anjou-Saumur)는 가장 넓은 생산지역이다.

4) 프랑스에서 리슬링을 느낄 수 있는 알자스

알자스는 독일과 가장 인접해 있는 지역으로 한때는 독일 소속이었던 지역이다. 현재는 프랑스에 속해 있는 화이트와인 생산지역이지만 독일스타일로 와인을 생산하며 독일의 대표품종인 리슬링과 게뷔르츠트라미너, 피노 블랑, 피노 그리 등과 같은 품종으로 와인을 만들고 있다. 그러나 특히 리슬링과 피노 그리가 가장 유명하다.

피노 누아도 재배하고 있는데, 레드와인과 로제와인도 만들고 있다.

그러나 독일와인과의 차이점을 들자면, 독일 화이트와인은 알코올 도수가 8~9%인 반면, 알자스 지역은 11~12% 정도로 높다.

1. Vins de Pay의 뜻?

2. EU 신규규정에 따른 원산지 명칭 보호와인을 뜻하는 AOP는 무엇의 약자인가?

3. 보르도는 무슨 강을 중심으로 좌안과 우안이 나뉘는가?

4. 영국인들이 부르는 보르도 와인 애칭은?

5. 보르도 좌안 토양의 특징에 대해 설명하시오.

6. 보르도 우안 토양의 특징에 대해 설명하시오.

7. 보르도 블렌딩에 사용되는 포도품종은?

8. 귀부현상이 잘 일어나는 지역은 어디인가?

9. 귀부현상을 일으키는 곰팡이균의 이름은?

10. 부르고뉴에 속해있는 꼬뜨 도르의 두 지역은 어디인가?

11. 푸이퓌메와 푸이퓌쉐의 차이점은?

12. 북부론의 유명 포도원은?

13. 북부론과 남부론 와인양조에 사용되는 포도품종은 어떻게 다른가?

와인생활의 중심 이탈리아

wine

이탈리아는 세계 3대 와인생산국 중 하나이다. 이탈리아와인의 특징은 다양성에 있다. 드라이한 와인부터 달콤한 와인, 가벼운 와인부터 묵직한 스타일의 와인까지 매우 다양한 와인이 생산되고 있다. 그 이유는 20개 주(州) 대부분에서 포도재배를 하며 700~800여 개의 토착품종이 있기 때문이라고 볼 수 있다. 마케팅에 크게 관심이 없었던 이탈리아는 와인의 체계가 일관적이지 않았으나, 1963년 DOC등급 제도를 정비하면서 품질관리 및 향상에 힘쓰고 있다.

이탈리아 생산지역 중에서 다음 지역들은 반드시 알아야 한다.

○ 이탈리아의 3대 생산지

- 베네토(Veneto)
- 풀리아(Puglia)
- 시칠리아(Sicilia)

○ 단일와인으로 가장 유명한 지역

- 레드와인: 끼안띠(Chianti)
- 화이트와인: 소아베(Soave)

○ DOCG가 가장 많은 지역: 피에몬테(Piemonte)

① 트렌토(Trento)
③ 롬바르디아(Lombardia)
⑤ 프리울리(Friuli)
⑦ 에밀리아 로마냐(Emilia Romagna)
⑨ 토스카나(Toscana)
⑪ 움브리아(Umbria)
⑬ 아브르쪼(Abruzzo)
⑮ 캄파니아(Campania)
⑰ 바실리카타(Basilicata)
⑲ 시칠리아(Sicilia)

② 발레 다오스타(Valle d'Aosta)
④ 베네토(Veneto)
⑥ 피에몬테(Piemonte)
⑧ 리구리아(Liguria)
⑩ 마르께(Marche)
⑫ 라찌오(Lazio)
⑭ 몰리제(Molise)
⑯ 풀리아(Puglia)
⑱ 칼라브리아(Calabria)
⑳ 사르데냐(Sardegna)

o 이탈리아 와인법

이탈리아 와인법은 4개의 등급으로 나뉘어져 있다. 각각의 등급에는

다음과 같은 조건이 필요하다.

표 11-1 ›› 이탈리아 와인법

D.O.C.G(Denominazione di Origine Controllata e Garantita, 데노미나찌오네 디 오리지네 콘트롤라타 에 가란티타): 원산지 통제 보증 명칭	- 이탈리아 정부가 품질을 보증한다는 뜻으로, 병목 부분에 핑크색이나 연두색 리본이 붙어 있다. - 5년 이상 DOC등급을 유지하고, 지명도가 있어야 한다. - 재배방법 및 양조방법 등의 조건을 만족해야 한다.
D.O.C.(Denominazione di Origine Controllata, 데노미나찌오네 디 오리지네 콘트롤라타): 원산지 통제 명칭	- 재배방법 및 양조방법 등의 조건을 만족해야 한다. - 평판이 뛰어난 DOC는 DOCG로 승급할 수 있다.
I.G.T.(Indicazione Geografica Tipica, 인디카찌오네 제오그라피카 티피카): 지리적 생산지 표시 테이블 와인	- 프랑스의 뱅 드 빼이(Vin de Pays)와 같은 등급이며, 생산지역에서 사용하는 전통적인 품종이나 양조방식을 따르지 않은 와인들과 그로 인해 DOC를 받지 못한 와인들이 포함된다. - 생산지명만 표시하는 것과 포도품종과 생산지명을 표시하는 두 가지가 있다.
Vino da Tavola(비노 다 타볼라)	- 테이블 와인으로서 외국산 포도를 블렌딩하지 못한다. - 레이블에는 로쏘(rosso, 레드), 비앙코(bianco, 화이트), 로사또(rosato, 로제) 등 와인 색상만 표시한다.

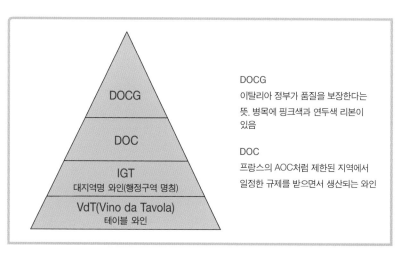

DOCG
이탈리아 정부가 품질을 보장한다는 뜻. 병목에 핑크색과 연두색 리본이 있음

DOC
프랑스의 AOC처럼 제한된 지역에서 일정한 규제를 받으면서 생산되는 와인

DOCG 와인의 경우 병목에 핑크색 띠가 있다.

이탈리아와인을 이해하려면 몇 가지 용어를 익혀야 한다. 중요 와인 용어는 다음과 같다.

- Annata(아나따) : 빈티지
- Bianco(비앙코) : 화이트
- Cantina(깐띠나) : 셀러 혹은 와이너리
- Dolce(돌체) : 스위트(sweet)
- Riserva(리제르바) : 일반 와인들보다 오랜 기간 숙성했을 경우
- Rosso(로쏘) : 레드
- Amarone(아마로네) : 포도를 수확한 후 말려 건포도 상태로 만든 후 양조한 와인. 드라이한 와인이지만, 단맛이 느껴지고 알코올 도수가 높은 것이 특징.
- Classico(클라시코) : '일류 혹은 유서 깊은'이라는 뜻. 끼안띠 지역의 클라시코는 끼안띠 와인 중 최고의 품질 혹은 가장 좋은 포도밭에서 생산된 와인을 '끼안띠 클라시코'라고 하며, 병목에 수탉 문양이 표시 되어 있음.
- Franciacorta(프란치아꼬르따) : 롬바르디아 지방에서 샴페인방식으 로 만든 스파클링 와인의 명칭
- Frizzante(프리잔떼) : 약발포성 와인
- Superiore(수페리오레) : 법적으로 오크통에서 1년 이상 숙성시켜야 하고, 최소 알코올 도수가 12%를 넘어야 함.
- Spumante(스푸만떼) : 스파클링 와인
- Tenuta(떼누따) : 소유지, 포도밭

1. 이탈리아 개요

3천 년의 역사를 가지고 있는 이탈리아는 세계 와인 생산량 3위 안에 드는 나라이다. BC 800년 에투리아인이 지금의 토스카나 지방에서 포도를 재배하면서부터 이탈리아와인의 역사가 시작된 것으로 기록되고 있다. 그러나 이탈리아 사람들은 와인을 식품의 일부로서 생각(우리나라의 김치와 같은 의미)하여 와인의 품질관리에 노력하지 않았다. 그 결과 프랑스와인만큼 마케팅도 활성화되지 않아 소비자들이 이탈리아와인을 잘 모르는 경우도 많고, 전반적으로 정리가 잘 안된 듯한 느낌이었지만, 최근에 많은 노력으로 점차 이탈리아와인에 대한 관심이 커지고 있다.

2. 이탈리아 지리적 및 토양 특징

전형적인 지중해성 기후인 이탈리아는 북위 37~47도 사이에 위치하여 무려 10도의 위도차이가 있다. 북서에서 남동으로 1,500km에 걸쳐 있는 나라로 매우 긴 지형이지만, 바다가 인접해 있고, 산지가 많아 기후차이를 잘 조절해주고 있다(우리나라는 남에서 북까지 약 1,200km).

포도밭 전체 면적은 80만 헥타르이며 레드와인과 화이트와인이 50 : 50으로 거의 비슷한 양으로 생산되고 있다.

이탈리아는 북쪽으로는 알프스 산맥, 남쪽에는 지중해성 해양, 동쪽으로는 아드리안 해안이 펼쳐져 있는 매우 매력적인 지리적 특징을 갖고 있다.

북부는 추운 겨울과 더운 여름을 지닌 대륙성 기후이지만 알프스 산맥과 돌로미트(Dolomites) 산이 북쪽에서 불어오는 매서운 바람을 막아주고 여름에는 대지를 식혀주는 바람을 일으킨다. 꼬모(Como), 가르다(Garda), 마찌오레(Maggiore)와 같은 커다란 호수들은 온도 차이를 적당히 조절해주고 온화한 날씨를 만들어 주는 역할을 하고 있다.

남부에는 아펜니노(Apennines) 산맥이 포(Po)계곡에서부터 이탈리아 반도의 끝까지 척추같이 뻗어있다. 겨울은 따뜻하고 여름은 덥고 건조한 지중해성 기후이지만, 산이 많기 때문에 높은 지역이나 선선한 기후에서 잘 자라는 포도품종을 재배할 수 있다. 북부는 빈티지 간에 차이가 있을 수 있지만 남부는 이보다 덜하다.

3. 이탈리아 재배 포도품종

이탈리아의 토착품종은 700~800여 가지 정도 된다. 중요한 점은 이 많은 품종들이 세계 어디에서도 발견되지 않는 이탈리아만의 토착품종이라는 것이다. 이탈리아와인이 지니는 풍요로움은 품종의 다양성에서 나온다고 해도 과언이 아니다. 그러나 최근 프랑스 품종인 까베르네 소비뇽, 메를로 등 새로운 품종을 도입하여 변화를 시도하여 슈퍼 투스칸과 같은 엄청난 와인을 생산하고 있다. 다음은 이탈리아의 주요품종이다.

레드와인

① 네비올로(Nebbiolo)

이탈리아 북서부, 특히 피에몬테 지역에 한정되어 있다. 네비올로는 만생종으로 당분함량이 높아, 이것으로 만든 와인은 알코올 함량이 높고 산도도 비교적 높다. 현대적인 양조방법을 통해 명품와인으로서 새롭게 변화되고 있으며, 묵직하고 가득 찬 느낌을 가지고 있어 고급와인이 많다.

② 바르베라(Barbera)

당도가 높고 신맛이 많은 적포도로서 이탈리아 전역에서 재배되지만, 바르베라 달바(Barbera d'Alba), 바르베라 다스티(Barbera d'Asti) 같은 곳에서 최고급 와인을 만든다. 숙성을 잘 하면 묵직한 맛이 된다.

③ 산지오베제(Sangiovese)

네비올로와 함께 이탈리아의 대표적인 품종으로 토스카나 지역에서 생산된다. 일반적으로 밝은 루비색을 띠며 높은 산도가 특징이다. 산지오베제로 만든 와인은 가볍고 신선하다.

④ 돌체토(Dolcetto)

피에몬테 지역의 적포도로서 산도는 낮지만, 색상과 탄닌이 모두 강해서 바르베라와 대조되는 품종이다. 대개 신선할 때 바로 마시는 특징이 있다.

⑤ 네로 다볼라(Nero d' Avola)

시칠리아의 대표적인 품종으로 칼라브레제(Calabrese)라고도 한다. 가볍게 즐길 수 있는 와인으로 블랙체리 등의 과실향이 매우 풍부한 것이 특징이다.

화이트와인

① 말바지아(Malvasia)

말바지아는 이탈리아 전역에서 자라고 있는 품종으로 마데이라의 맘시(Malmsey)품종에서 떨어져 나온 품종이다. 원래 낮은 산도와 높은 당분을 갖고 있어서 트레비아노 품종과 블렌딩하여 품질 좋은 와인을 만들기도 한다. 높은 당분으로 스위트와인을 만들기에도 적합하다. 토스카나의 빈산토는 주로 말바지아와 트레비아노의 말린 포도로 만든다.

빈산토 : 토스카나지역에서 포도 수확 후 자연 건조시켜 건포도 상태에서 만드는 대표적인 스위트 와인.

② 트레비아노(Trebbiano)

이탈리아에서 가장 널리 재배되는 품종으로 이탈리아 화이트와인 생산에 높은 비중을 차지하고 있다. 별다른 특징이 있는 것은 아니지만 보편적으로 많이 재배되고 있다.

③ 글레라(Glera)

베네토가 대표적인 재배지역이며, 프로세코(Prosecco)를 생산하는 품종이다. 글레라로 생산하는 프로세코는 모스카토처럼 화려하지는 않지만, 신선하고 섬세한 기포가 특징이다. 특히, 산도가 낮고 부드러운 스파클링으로 레몬, 복숭아, 서양배와 같은 과실 풍미로 인해 많은 사랑을 받고 있다.

④ 베르멘티노(Vermentino)

베르멘티노는 토스카나, 리구리아, 사르데냐에서 주로 재배되고 있는데, 약간 초록빛이 감돌며, 꽃향과 미네랄향이 매우 풍부한 것이 특징이다.

4. 이탈리아와인 생산지역

1) 피에몬테(Piemonte)

북서쪽에 위치한 피에몬테는 알프스 산맥과 인접해 있는 지역으로 '산의 발치에'란 뜻을 가지고 있다. 피에몬테 지역은 단일품종으로 와인을 생산해야 하며, DOCG 등급이 가장 많은 지역임과 동시에 IGT 등급은 존재하지 않는 명품와인 생산시역이다. 훌륭한 와인이 많이 생산되는 이유는 기후 때문이라고 할 수 있는데, 여름에는 매우 뜨겁고 건조하며, 겨울에는 매서운 기후를 보이고 있다. 이러한 기후로 인해 피에몬테의 대표품종 네비올로가 매우 잘 자란다.

피에몬테에서 가장 중요한 두 생산지역은 바롤로와 바르바레스코이다. 파워풀하고 남성적인 와인으로 비유되는 바롤로와 섬세하고 우아하며 여성적인 와인으로 비유되는 바르바레스코의 특징은 다음의 〈표 11-2〉와 같다.

표 11-2 »» 바롤로 VS 바르바레스코 와인 스타일 비교

바롤로	바르바레스코
- 최소 알코올 함유량이 13~15도까지 이르는 와인으로 최소 2년간을 오크통에서 숙성시키며 또 병 속에서 일정 기간 동안 숙성시킨다. - 와인 스타일은 진하고, 드라이하며 심오하다. 산딸기, 버섯, 낙엽이 한데 어우러진 듯한 복잡 미묘한 향기를 풍기는데 이탈리아와인 중에서 가장 좋은 향기를 발한다. - 최고 15년까지 숙성시킬 수 있으며 숙성되면서 벨벳처럼 부드러워진다.	- 바롤로와 동북 쪽으로 이웃하고 있으며 네비올로 품종을 재배한다. - 이 와인은 타나로강으로부터 가을의 서리에 의해 영향을 받으며 바롤로와 유사한 와인이지만 전체적으로 볼 때 더 가볍고 섬세한 와인이다. - 오크숙성 1년을 포함하여 최소 2년을 숙성시켜야 판매할 수 있다. - 안젤로 가야는 바르바레스코 와인의 새로운 표현과 위상을 확립한 대표적 인물이다.

2) 베네토(Veneto)

베네토는 소아베와 아마로네의 본고장으로 이탈리아 다른 어느 지역보다 많은 DOC와인을 생산하고 있으며, 특히 화이트와인이 매우 유명한 지역이다. 특히 소아베DOC는 이탈리아에서 끼안띠 다음으로 가장 인기좋은 와인으로 설명할 수 있다.

아마로네는 발폴리첼라(Valpolicella)와인의 일종으로 수확 후 건조시킨 포도로 양조하게 되는데, 당도가 느껴지면서도 알코올 함량이 높은(14~16도) 레드와인으로 생산된다.

베네토에서는 매년 4월 세계 3대 와인 박람회 중 하나인 비니탈리(Vinitaly)가 개최되는 지역이기도 하다.

세계 3대 와인 박람회 : 독일의 프로바인(매년 3월 개최, 뒤셀도르프), 이탈리아의 비니탈리(매년 4월 개최, 베네토), 프랑스의 비넥스포(격년 6월 개최, 보르도)

3) 토스카나(Toscana)

토스카나는 이탈리아의 포도재배와 와인양조를 발전시키는데 지대한 공헌을 끼친 지역이며, 와인애호가들에게 이탈리아와인의 위대함을 보여준 지역이라고도 할 수 있다. 특히 토스카나 와인의 심장이면서 이탈리아를 가장 대표할 수 있는 와인이라고 하는 지역은 끼안띠(Chianti)이다. 토스카나에는 11개의 DOCG, 41개의

체사리 아마로네 델라 발폴리첼라 클라시코 2012(Cesari Amarone della Valpolicella Classico 2012)

DOC, 6개의 IGT가 있으며, 그 밖의 VdT와 '슈퍼 투스칸'으로 불리는 프리미엄 와인도 있다.

끼안띠 지역의 중심인 끼안띠 DOCG와 끼안띠 클라시코 DOCG는 플로렌스(Florence) 사이에 위치해 있다. 일반적으로 끼안띠는 크게 두 가지 스타일로 나눌 수 있는데, 영(young)할 때 마시는 일반 끼안띠와 오크통에서 최소 2년 이상 숙성시키는 리제르바(riserva)가 있다.

와인의 품질은 천차만별이지만, 변하지 않는 한 가지 공통점은 산지오베제가 주품종으로, 단일 혹은 블렌딩하여 양조된다. 산지오베제의 특징은 먼지(dusty) 혹은 흙냄새(earthy)가 두드러져 이 향만으로도 산지오베제를 구분할 수 있을 정도이며, 산도와 탄닌이 높아 사우어 체리맛이 나는 미디움 바디의 레드와인으로 만들어진다.

산지오베제로 만든 와인 중 가장 잘 알려진 와인은 브루넬로 디 몬탈치노(Brunello di Montalcino; 줄여서 BDM이라고도 한다)와 끼안띠이다. 특히, 브루넬로 디 몬탈치노 DOCG의 와인은 장기 숙성과 섬세함으로 피에몬테의 바롤로와 함께 이탈리아 최고의 와인으로 손꼽히는 와인이다.

4) 풀리아(Puglia)

지도상 이탈리아의 발뒤꿈치에 위치하는 풀리아는 매우 무더운 날씨가 특징이다. 시칠리아와 더불어 이탈리아에서 가장 많은 와인을 생산하는 지역이며, 과거 전 세계로 수출하는 벌크와인 생산의 근원지였다.

5) 시칠리아(Sicilia)

파씨토(Passito) : 이탈리아 와인 분류상 돌체(Dolce)보다도 더 높은 당도의 와인을 말한다. 스트로 와인(Straw wine)이라고도 하는데, 수확한 포도를 짚이나 갈대 위에 널고 통풍이 잘되는 그늘에서 건조시켜 수분을 날리고 당분만 농축시킨 뒤 양조하기 때문이다. 파씨토는 당도가 매우 높기 때문에 디저트와인이다.

시칠리아는 아란치니와 같은 이탈리아를 대표하는 요리가 알려져 있는 섬으로 이탈리아의 가장 큰 지방이자 포도산지 중에서도 가장 넓은 면적을 포함하고 있다. 특히 시칠리아는 화산토에서 포도를 재배해서 만드는 에트나(Etna) 와인들도 매우 유명하다. 이탈리아 스위트 와인의 대명사인 파씨토(Passito)는 판텔레리아(Pantelleria)섬에서 주로 생산된다. 가장 서쪽에 위치한 마르살라(Marsala)에서는 주정강화와인으로 유명한 지역이다.

시칠리아를 대표하는 품종은 네로 다볼라(칼라브리제), 그릴로(Grillo), 지빕보(Zibibbo, 판텔레리아섬에서 파씨토의 원재료) 등이 있다. 네로 다볼라는 대중적인 와인부터 명품와인까지 다양한 스타일로 생산이 가능한데, 대중적인 와인의 경우 과실향이 풍부하고 가벼운 스타일로 즐길 수 있는 반면, 명품와인의 경우 진한 블랙체리가 입안 가득히 채우는 느낌을 받을 수 있다.

끼안띠(Chianti)

6개월~1년 정도 숙성시키는 신선하면서도 가벼운 와인이다. 이 와인은 산도가 풍부해 기름진 음식과 잘 어울린다.

끼안띠 클라시코(Chianti Classico)

끼안띠 마을 포도원의 중앙지역에서 생산된 양질의 포도로 만든다.
최소 2년을 오크숙성시키며 DOC법에 의해 엄격하게 모든 과정이 통제되는 고품질 와인

끼안띠 클라시코 리제르바(Chianti Classico Riserva)

병입되기 전 오크통에서 3년 숙성
리제르바는 산도와 탄닌이 조화로운 강건하면서도 부드러운 맛이 특징

끼안띠 클라시코의 경우 병목에 검은색 수탉의 마크가 같이 있다.

슈퍼 투스칸(Super - Tuscan)

이탈리아 와인법 규정에 따르지 않고 까베르네 소비뇽 혹은 메를로와 같은 보르도 스타일의 품종들을 블렌딩하고 프랑스 기술을 도입해 만드는 혁신을 시도했다. 그 결과 훌륭한 고품질의 와인이 탄생되어 이탈리아와인의 이단아로 불려졌다.

대부분 프랑스 양조방법으로 생산된 소량의 고품질 와인들로, 사용된 포도품종이나 양조 방법이 해당 지역의 DOC 규정에 부합하지 않았기 때문에 수준 이하의 등급(VdT)을 받았다. 그러나 오늘날은 이러한 고급와인들을 합당하게 대우하기 위해 DOC 규정을 손질하여 이제는 대부분의 와인들이 IGT 이상으로 상품화되고 있다.

슈퍼 투스칸 와인 중 가장 유명한 와인들은 사시까이야(Sassicaia), 띠냐넬로(Tignanello), 쏠라이야(Solaia), 마쎄토(Masseto), 오르넬라이야(Ornellaia), 루체(Luce), 쌈마르꼬(Sammarco) 등이다.

사시까이야는 까베르네 프랑과 까베르네 소비뇽, 띠냐넬로는 산지오베제와 까베르네 소비뇽, 까베르네 프랑, 쏠라이야는 까베르네 소비뇽과 산지오베제로 블렌딩하여 양조하고 있다.

이중에서 사시까이야는 2001년에 이탈리아 등급 역사상 처음으로 특정 와이너리의 특정 와인에 등급을 받은 첫 와인으로 볼게리 DOC 사시까이야(Bolgheri DOC Sassicaia)가 되었다.

1. 이탈리아에서 레드와인과 화이트와인이 유명한 지역은 각각 어디
인가?

2. 바롤로와 바르바레스코는 어느 지역에 속해 있는 마을인가?

3. 슈퍼 투스칸에 대해 설명하시오.

4. 슈퍼 투스칸 중 가장 유명한 와인의 브랜드를 세 가지 이상 적으시오.

5. 끼안띠 클래시코의 의미는?

6. 끼안띠 클래시코 와인에는 어떤 표시가 붙는가?

CHAPTER **12**

기타 유럽 *wine*

1. 열정의 나라 스페인

1) 스페인와인 개요

플라맹고의 정열과 투우장의 열기를 흠뻑 느낄 수 있는 정렬의 나라, 눈부신 태양과 가뭄으로 나른한 적토(赤土)의 황야가 떠오르는 곳이 바로 스페인이다. 이베리아 반도의 문화와 더불어 그들의 삶과 함께 해온 유구한 역사를 지닌 스페인와인은 실로 놀라울 정도이다.

한때 세계 문명의 중심지였던 스페인와인 산업은 그들의 역사와 고락을 함께 하였다. 로마시대 이전부터 포도를 재배 하였으며, 8세기경 스페인을 정복한 무어인들도 스페인에서 포도를 재배하였다. 1870년, 필록세라가 프랑스의 포도재배지역을 강타하였을 때 많은 프랑스 포도 재배업자들이 스페인의 리오하 지역으로 이주함으로써 프랑스의 선진 양조 기술을 전수받아 품질향상을 이루는 중요한 계기가 되었다.

프랑스인들이 이주하기 전까지 스페인은 주로 벌크(bulk)와인을 생산 했었다.

스페인은 프랑스, 이탈리아와 함께 세계 3대 와인생산국이다. 특히 포도경작지의 규모에서는 세계 최대이다. 스페인와인의 특징은 농도가 진하고 알코올 도수가 높다. 바디감은 있으면서도 전반적으로 부드러운 와인을 생산하고 있다. 그러나 스페인와인은 품질에 대한 인식이 부족하여 벌크

와인으로 더 알려졌었지만, 현재는 퀄리티와인 생산에 많은 노력을 기울여 벌크와인과 퀄리티 와인이 공존하는 모습을 보이고 있다. 특히 중부와 남부지방은 건조한 기후로 가뭄에 시달리자 1996년 관개시설의 법정 요건이 정해지면서 스페인와인의 질과 양에서 뚜렷한 향상을 이루게 되었다.

관개시설 : 33페이지 참고.

2) 스페인 포도품종

스페인 토착 품종은 레드와인 품종으로 템프라니요(Tempranillo)이다. 가장 많이 재배되는 것은 아니지만, 고급품종으로 인정받으면서 스페인 북부에서 주로 재배된다. 그 외 가르나차(Garnacha)는 프랑스 남부의 그르나슈(Grenache)와 같은 품종이며, 알코올이 풍부한 특징이 있다.

스페인 스파클링 와인인 까바(Cava)는 마카베오(Macabeo), 빠렐라다(Parellada), 헤렐로(Xarello) 품종을 블렌딩하여 만든다.

① 템프라니요(Tempranillo)

스페인 고유의 레드와인 품종으로 '일찍 수확한다'는 뜻을 갖고 있다. 템프라니요로 만든 와인은 색이 짙고 부드러운 특징이 있다. 그러나 단일 품종으로 만들면, 오래 숙성할 수 없기 때문에 다른 품종들과 블렌딩하여 장기숙성용으로도 만든다.

② 가르나차(Garnacha)

스페인에서 가장 비싼 레드와인 품종으로 수확량 많고 당분 높은 특징이 있다. 교황이 아비뇽에 있을 때 프랑스의 남부론 지역으로 도입하여 프랑스에서는 그르나슈(Grenache)라고 한다.

3) 스페인와인 생산지역

스페인 주요 재배지역은 크게 리오하, 리베라 델 두에로, 뻬네데스, 헤레스, 라만차 등이 있다. 특히 리오하와 리베라 델 두에로는 스페인에서 가장 훌륭한 와인을 생산하는 대표적인 지역이다. 각 지역의 특징은 다음과 같다.

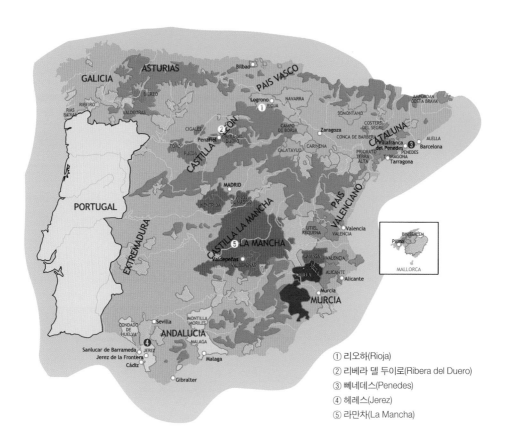

① 리오하(Rioja)
② 리베라 델 두이로(Ribera del Duero)
③ 뻬네데스(Penedes)
④ 헤레스(Jerez)
⑤ 라만차(La Mancha)

표 12-1 ››› 스페인 지역별 와인특징

지역명	특징
리오하(Rioja)	– 에브로강을 끼고 있으며 보르도가 필록세라로 피해를 입은 후부터 각광받기 시작한 지역 – 75%가 레드와인으로 뗌프라니오를 주품종으로 부드러우면서도 과실향이 풍부한 와인을 양조 – 프랑스식으로 양조하며 바리크와 병입숙성을 하여 장기간 보관할 수 있는 와인으로 인정 받음
리베라 델 두에로 (Ribera del Duero)	– 두에로강을 끼고 있음 – 비교적 짧은 역사를 가진 DO등급의 지역이지만 스페인 최고의 레드와인의 생산지 – 와인 색이 진하고 파워풀하며 진한 과일(블랙베리 등)의 향이 풍부한 와인을 만듦
뻬네데스 (Penedes)	– 까딸루니아주에 속한 지역으로 까바 생산의 약 95%를 뻬네데스에서 생산하고 있음
헤레스(Jerez)	– 스페인의 주정강화 와인인 쉐리와인의 산지
라만차 (La Mancha)	– 세계에서 가장 넓은 포도재배지역으로 단위면적당 생산량이 가장 많은 지역 – 스페인 테이블 와인의 50% 이상을 라만차에서 생산하고 있음 – 주로 화이트와인이 많이 생산됨(레드 : 화이트 = 20 : 80)

4) 스페인 와인법

와인의 원산지 호칭 사용은 1926년 리오하(Rioja) 지역에서 시작되었으며 1933년에는 헤레스(Jerez) 지역의 쉐리와인에 적용되기 시작하였다. 그동안 부분적으로 시행되던 원산지 관리규정은 1970년에 개정되어 전국적인 원산지호칭법(Denominaciones de Origen, D.O)이 제정되었다. 그러나 이 법이 제정된 후에도 전국적으로 확대 시행하기까지 상당한 기간이 소요되었으며 스페인이 EU에 가입함으로써 EU 와인관리규정에 따라 프랑스의 AOC규정과 같은 규정을 적용하여 와인에 대한 관리규정이 정비되었다.

표 12-2 ››› 스페인와인 등급

명칭	조건
Vino de PAGO	– 2003년에 새로 도입된 등급으로 스페인 와인등급 중 가장 높은 등급 – DOCa 구역 내 위치한 포도밭 중 가장 뛰어난 단일 포도밭을 등급으로 지정한 것. 2002년 Vino de Pago로 지정된 도미노 데 발데푸사(Domino de Valdepusa), 핀카 엘레스(Finca Elez)를 시작으로 현재 17개의 포도밭이 지정되어 있음.
DOCa (Denominación de Origen Calificada)	– 10년 이상 DO와인으로 인정된 와인 – 라 리오하(La Rioja), 프리오랏(Priorat), 리베라 델 두에로(Ribera del Duero): 이 세 지역이 DOCa로 지정되어 있음.
DO (Denominación de Origen)	– 원산지 명칭와인 – 고급와인이 생산되는 지역으로 명칭, 포도품종, 생산량, 알코올, 숙성기간 등을 통제 – 와인 재배지역이 고급와인을 생산하는 지역으로 최소 5년 이상 알려져야 함.
VCIG (Vino de Calidad con Indicación Geográfica)	– 프랑스의 뱅 드 빼이(Vin de Pay)와 비슷한 등급 – DO보다는 덜 까다롭지만 명성이 있는 와인 생산지역에 부여되는 등급
VdM (Vino de Messa)	– 테이블 와인으로 스페인에서만 생산되었다면 어느 지역이라도 관계없음. – 지역명, 빈티지를 따로 표기하지 않음.

1988년에 스페인은 이탈리아의 DOCG등급을 참고하여 DO급보다 우수품질 등급인 DOC등급을 제정하였다. 이 등급은 스페인의 최우수 와인등급으로 현재까지 리오하(Rioja), 리베라 델 두에로(Ribera del Duero), 프리오랏(Priorat) 이 세 지역에 DOC급을 지정하고 있다. 스페인의 DO규정은 상당히 엄격하여 포도품종, 토양, 양조방법, 숙성방법, 최소 알코올 농도, 관능검사 등의 규정을 제정하여 관리함으로써 품질향상을 도모하고 있다.

스페인와인은 숙성에 관한 규정이 있는데, DO급 이상의 와인에 대해 규정에 따라 와인을 유통해야 한다. 숙성 규정은 다음과 같다.

표 12-3 》 스페인와인 숙성별 명칭

명칭	조건
비노호벤 (Vino Joven)	– 호벤(Joven)은 어리다라는 뜻으로 갓 빚은 와인을 뜻함 – 통에서 숙성시키지 않고 만든 지 1년 안에 시장에 나옴
크리안차 (Crianza)	– 양조장에서 최소 2년간 숙성시킨 와인 – 레드와인: 오크통 1년/병입 숙성 1년 후 출시 – 화이트&로제: 6개월 간 숙성
레제르바 (Reserva)	– 양조장에서 최소 3년간 숙성 – 레드: 오크통 최소 1년 이상/ 병입 최소 1년 이상 숙성 후 출시 – 화이트: 최소 6개월 후
그랑 레제르바 (Gran Reserva)	– 양조장에서 최소 5년간 숙성 – 오크숙성 최소 2년 및 병입 후 최소 3년 이상 숙성

2. 우아한 화이트와인의 극치 독일

1) 독일와인 개요

독일 전체의 포도밭 면적은 10만 헥타르 정도 된다. 보르도 지역이 11만 헥타르인 것에 비하면 포도밭 규모는 크지 않다. 따라서 자국민의 만족을 위해 오히려 와인을 수입하고 있는 실정이라고 할 수 있으며 수출량은 매우 낮다.

와인생산국 중 가장 북위에 있는 나라로 날씨가 매우 춥다. 추운 기후에서 자란 포도는 나무에 달려 있는 시간이 길어서 아로마향과 과실향, 섬세한 향이 매우 풍부하다. 또한 숙성기간도 길다.

독일 날씨가 추운 탓에 대부분의 포도밭이 경사도가 매우 가파르다.

태양열을 받는 면적을 최대한으로 하기 위한 한 가지 방법이기도 하다. 경사면이 가파르면 가파를수록 태양열을 많이 받고 그늘이 많이 만들어지지 않는다(포도는 좋지만, 수확은 힘들다). 토양은 주로 회색빛의 점판암이 대부분이며 미네랄 성분이 매우 풍부하다.

독일 모젤랜드에서 바라본 포도밭 전경 일조량을 확보하기 위해 경사가 가파른 곳에 포도를 심었다. 수확할 때 노고가 느껴지는가?

2) 독일 포도품종

독일은 추운날씨가 특징이다. 따라서 포도품종 역시 추운날씨를 견딜 수 있는 품종들이며 나무에 열매가 달려있는 시간이 길기 때문에 산도가 매우 높고 아로마가 풍부하다.

레드와인

① 슈페트부르군더(Spatburgunder)

만생종으로 전체 재배면적의 약 6% 정도 차지하고 팔츠와 바덴에서 많이 재배된다. 프랑스 부르고뉴에서는 피노 누아라 불리우며 독일에서 레드와인 품종으로는 가장 뛰어나다. 우아하며 풍부한 맛을 지니고 있다.

② 도른펠더(Dornfelder)

팔츠와 라인헤센 지역에서 가장 많이 재배되는 도른펠더는 1955년에 새롭게 교배된 레드와인 품종으로 진한 색이 특징이며, 조생종이다. 블랙베리 향이 풍부하며 적당한 산과 탄닌이 풍부하다.

화이트와인

① 리슬링(Riesling)

화이트와인 품종의 왕으로 불리는 리슬링은 추운 지역에서도 잘 자라고 여러 해를 숙성 시킬 수 있는 잠재력을 가진 품종으로 독일 전체 재배면적의 약 21% 정도 차지하고 있는 만생종이다.

고급스러움, 견고한 산도, 풍부한 맛, 숙성력이 특징적이며 상큼한 사과, 잘 익은 복숭아, 풍성한 미네랄의 아로마를 지니고 있다. 그리고 숙성되면서 휘발유(petrol)와 같은 독특한 냄새가 생기기도 하며 보트리티스 균의 영향을 받으면 최고의 스위트와인이 되기도 한다.

② 실바너(Silvaner)

오랜 전통 품종으로 독일의 포도품종 중 약 7% 재배량을 보인다. 이 품종은 상쾌한 과일 향의 맛과 신맛을 함께 동반하는 특성을 보이는데 원산지는 오스트리아로 알려져 있다. 그러나 케르너, 쇼이레베, 바쿠스 등의 포도품종들이 상대적으로 늘어나면서 실바너는 지난날 우세하던 영역을 내놓게 되었고 근래 급격하게 재배면적이 줄어들고 있는 형편이다.

③ 바이스부르군더(Weissburgunder)

이 품종은 피노 블랑으로도 불리우며 바디가 강하고 상쾌한 맛을 가지고 있으며 드라이하다.

신선한 산미, 섬세한 과일의 맛, 그리고 파인애플, 견과류, 살구와 감귤류를 연상시키는 부케가 복합적으로 잘 융화되어 있다.

④ 게뷔르츠트라미너(Gewürztraminer)

게뷔르츠트라미너의 뜻은 'Gewürz'와 'Traminer' 두 단어의 합성어이다. 'Gewürz'는 독일어로 '향신료'(spice)란 뜻이며, 'Traminer'는 북부 이탈리아에 위치한 "Traminer" 마을 부근에서 성장하는 포도품종의 이름에서 나왔다.

리치, 장미, 망고, 파파야, 코코넛, 살구 등의 여러 과일 향이 함께 발산하거나 독자적으로 표출되고 스파이시한 점이 특징이다.

3) 독일와인 생산지역

독일와인 재배지역은 모두 13개 지역으로 나뉘어져 있다.

13개 지역은 아르(Ahr), 미텔라인(Mittelrhein), 모젤-자르-루버(Mosel-Sarr-Ruwer), 나헤(Nahe), 라인가우(Rheingau), 라인헤센(Rheinhessen), 팔츠(Pfalz), 헤시쉐 케르크슈트라세(Hessische-Bergstrasse), 프랑켄(Franken), 뷔르템 베르크(Wurttemberg), 바덴(Baden), 잘레 운스트루트(Saale-Unstrut), 작센(Sachsen)이다.

그 중 가장 대중적인 모젤-자르-루버, 명품와인의 대명사 라인가우와 라인헤센이 대표적인 지역이다.

① 모젤-자르-루버(MOSEL-SAAR-RUWER)
② 라인가우(RHEINGAU)
③ 라인헤센(RHEINHESSE)

① 모젤-자르-루버(MOSEL-SAAR-RUWER)

모젤강 유역과 그 지류인 자르, 루버 지역은 구불구불하여 고대 로마 시절부터 가장 운치 있는 포도재배지로 알려져 있다.

점판암이 급경사를 덮어주는 포도밭과 숲은 모젤강이 라인강과 만나는 코블렌쯔까지 이어지는데 이 지역을 이해하는데 있어 중요한 것이 리슬링과 점판암이다. 점판암은 땅의 습기를 유지시키고 뜨거운 여름에는 낮에 태양열을 간직했다가 기온이 급강하는 밤에 그 열을 다시 발산하는 기능을 수행한다. 석판이 분해되면 땅을 비옥하게 하는 요인이 되는데 그리하여 이곳은 리슬링을 위한 최적의 재배지역으로 꼽힌다.

모젤 지역 와인은 생산한지 1~2년 안에 마시는 것이 좋은 데 영(young)할 때 와인의 특성을 잘 표현해 내고 오래되면 특성이 사라진다. 모젤와인은 음식의 맛을 상승시켜주는 역할을 하기 때문에 점심 또는 저녁 만찬에 식전주로 적당하다. 또한 모젤와인은 알코올 함유량이 8~10%에 불과한데 낮은 알코올 함유량이 모젤와인의 특징으로 나타난다.

② 라인가우(RHEINGAU)

라인가우의 심장부는 비스바덴에서 뤼데스하임까지 동서로 흐르는 라인강의 오른편에 리슬링과 슈페트부르군더 포도나무가 있는 타우너스 언덕지역이다.

이 지역의 명성은 베네딕트 수사, 에버바흐 수도원의 수도의 수사 그리고 이 고장의 귀족층이 오랜 세월 동안 엄격하게 수행한 품질관리 규정에서 비롯된다. 1775년 요하니스베르그에서 우연하게 만들어졌던 슈페트레제(Spätlese)는 독일와인의 명성을 펼쳤고 보트리티스 와인의 시초가 되었다. 이 지역은 라인강을 남쪽으로 바라보며 동서로 돌아가는 30Km 구간에 위치한 대부분 포도원이 모두 햇볕을 잘 받을 수 있는 남향으로 되어있는 언덕 지형에 위치하고 있다.

이 지역 수많은 포도재배자들 대부분은 1에이커 미만의 포도원을 소유하고 이들이 1년에 생산하는 와인은 불과 400여병 내외이지만 아주 고가에 판매되며 명성을 떨치고 있다. 그 와인들 중 하나가 카르타(Charta)와인이다.

③ 라인헤센(RHEINHESSE)

이 지역은 독일에서 가장 큰 와인 생산지역이며 라인강이 보름스에서 마임츠로, 다시 빙겐으로 흐르면서 ㄱ자로 꺾기는 지대를 1,000개의 언덕이 있는 강기슭이라 부른다. 서쪽으로 나헤강, 북쪽과 동쪽으로는 라인강으로 경계 되어 있다.

다양한 토양과 미세기후로 인해 새로운 이종 교배종들과 3가지 전통적인 화이트 품종인 뮐러트루가우, 리슬링, 실바너 등이 심어지며 레드 포도품종은 포르투기저가, 잉겔하임 주변은 슈페트부르군더가 알려져 있다.

4) 독일와인 등급

독일의 와인등급은 포도의 숙성정도에 따라 나뉘어진다. 우선, 1971년 제정된 독일법에 따라 타펠바인(Tafel wein)과 크발리테츠바인(Qualitäts-wein)이 있다.

① 타펠바인(Tafel wein)

테이블 와인으로 레이블에 포도원 이름이 표시되지 않는다.

② 크발리테츠바인(Qualitätswein)

고급와인으로 쿠베아(QbA)와 프레디카츠바인(Prädikatswein)으로 나뉜다. 프레디카츠바인은 품질, 가격, 포도수확시기, 당도 등에 따라 6단계로 구분되고 있다.

표 12-4 ›››독일 프레디카츠바인 등급

명칭	설명
카비넷(Kabinett)	정상적인 시기에 수확
슈페트레제(Spätlese)	Late harvest와 같은 의미. 햇볕을 더 많이 받았으므로 바디가 묵직하고 풍미도 깊음(semi-sweet)
아우스레제(Auslese)	'선택된'이란 뜻으로 잘 익은 포도 중에서 특별히 선별하여 수확한 포도로 만든 와인
베렌아우스레제 (Beerenauslese)	일일이 하나씩 딴 포도란 뜻으로 디저트와인을 만드는 원료가 됨
	베렌아우스레제는 대체로 10년에 2~3번 밖에 생산되지 않음
트로켄베렌아우스레제 (Trockenbeerenaus- lese, TBA)	베렌아우스레제보다 한 단계 높지만, 드라이(독일어: troken)*한 편이어서 건포도에 가까움
아이스바인(Eiswein)	얼 때까지 따지 않고 놔둔 포도로 만든 아주 달콤하게 농축된 희귀한 와인

*트로켄(troken): 건조하다, 드라이하다는 뜻. 즉 포도송이의 수분이 증발되어 포도알맹이가 마른 상태임
시음용어인 드라이(Dry): 당도가 없는 와인

**베렌아우스레제와 트로켄베렌아우스레제는 모두 귀부포도로 생산한다.

독일우수와인생산자협회

독일우수와인생산자협회 : VDP, Verband Deutscher Prädikats weinguter
1910년에 설립된 VDP는 생산자 – 떼루아 – 품질의 연관성을 강조하는 수준
높고 정직한 와인협회로 독일와인산업에 높은 표준을 제시하여 왔다.

독일 전체 13개 와인 생산지역의 1만여 와이너리 중 약 200여 개의 와인 생산
자들로 구성되어 있으며, 1926년부터 포도송이를 물고 있는 독수리 로고를 사
용하기 시작했고, 1982년부터는 모든 VDP와인에 반드시 이 로고를 사용할 것
을 의무화하였다. 만약 독일와인을 구입하는데, 병목부분에 이 마크가 있다면
믿고 구입하라.

그러나 시대의 변화에 따라 VDP도 좀 더 세분화하여 품질관리를 해야 한다는 의견들이 분분하여
2012년 새로운 등급제도를 제시하였다. 프랑스의 부르고뉴 등급체계처럼 지역–마을–밭으로 나누어
품질을 관리하고 있다.

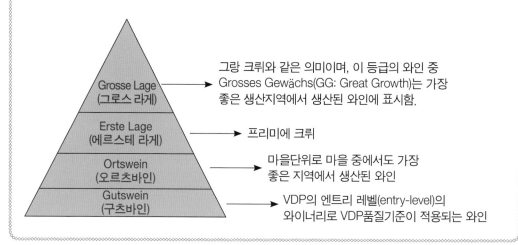

Grosse Lage (그로스 라게) → 그랑 크뤼와 같은 의미이며, 이 등급의 와인 중 Grosses Gewächs(GG: Great Growth)는 가장 좋은 생산지역에서 생산된 와인에 표시함.

Erste Lage (에르스테 라게) → 프리미에 크뤼

Ortswein (오르츠바인) → 마을단위로 마을 중에서도 가장 좋은 지역에서 생산된 와인

Gutswein (구츠바인) → VDP의 엔트리 레벨(entry-level)의 와이너리로 VDP품질기준이 적용되는 와인

1. 스페인의 대표품종에 대해 적으시오.

2. 스페인와인 생산지역 중 주정강화 와인은 생산하는 지역은?

3. 스페인에서 단위면적당 생산량이 가장 많은 지역은 어디인가?

4. 스페인와인의 숙성별 명칭에서 '크리안차(Crianza)'의 의미는?

5. 독일 품종 중 슈페트부르군더(Spatburunder)는 부르고뉴의 무슨
   품종과 같은가?

6. 독일의 가장 대표적인 화이트와인 품종은?

7. 독일와인 등급 중 프레디카츠바인의 등급을 설명하시오.

PART

V

wine

신세계와인

13 CHAPTER

와인을 향한 끊임없는 도전정신 미국

wine

1. 미국와인 개요

미국은 1848년 골드러쉬를 겪으면서 인구가 늘어나고, 사회적으로 많은 변화를 가져왔다. 그러나 와인의 역사는 1919~1933년 금주령이 내려지면서 긴 터널의 침체기에 들어섰다. 1933년 금주법은 폐지되었으나 약 30년 동안 와인에 별관심을 두지 않았다. 그러다 1960년 후반부터 와인의 품질향상에 힘을 쏟는 와인메이커들이 등장하면서 성장에 가속을 붙이기 시장했다. 1980년대 급성장하면서 전통과 명성은 유럽에 뒤질지 모르지만, 맛은 큰 차이가 없다는 자부심과 함께 미국와인만의 스타일을 만들어가며 도전정신을 불태우고 있다.

파리의 심판 172페이지 참조

1970년대까지만해도 화이트 와인(주로 슈냉 블랑)이 많이 소비되었으나, 1990년 CBS에서 '프렌치 패러독스'를 방영한 이후 레드와인의 소비가 급증되었다.

Eureka

SHASTA

HUMBOLDT

Goose
Lake

TEHAMA

GLENN
❸ MENDOCINO
BUTTE
POTTER VALLEY
YUBA
ANDERSON VALLEY COLUSA
CLEAR LAKE
MCDOWELL VALLEY SUTTER
LAKE GUENOC VALLEY PLACER
YOLO EL DORADO
Sacramento
❷ SONOMA ❶ NAPA VALLEY
SACRAMENTO FIDDLETOWN
SONOMA NAPA SHENANDOAH VALLEY AMADOR
MARIN Clear SOLANO CALAVERAS
Lake LODI
CARNEROS Stockton Lake
CONTRA COSTA Tahoe
San Francisco Oakland SAN JOAQUIN Modesto
LIVERMORE VALLEY
SAN MATEO San Jose STANISLAS
SANTA CLARA MERCED
SANTA CRUZ MOUNTAINS MADERA
SANTA CLARA VALLEY Mono
SANTA CRUZ FRESNO Lake
SAN YSIDRO
Salinas MOUNT HARLAN
Monterey SANTA LUCIA HIGHLANDS Fresno
CHALONE
CARMEL VALLEY SAN BENITO
ARROYO SECO
MONTEREY SAN LUCAS
TULARE
KING'S
PASO ROBLES
YORK MOUNTAIN
SAN LUIS OBISPO
EDNA VALLEY Bakersfield
ARROYO GRANDE KERN
SANTA MARIA VALLEY
SAN BERNARDINO
SANTA BARBARA
SANTA RITA HILLS SANTA YNEZ VALLEY
VENTURA LOS ANGELES
Santa Barbara
Pasadena San Bernardino
TEMECULA
Riverside
Los Angeles ORANGE RIVERSIDE
SAN PASQUAL VALLEY

SAN DIEGO
Salton Sea
San Diego

① 나파(Napa)
② 소노마(Sonoma)
③ 멘도치노(Mendocino)

2. 미국의 지리적 및 토양 특징

미국와인의 90%는 캘리포니아에서 생산된다. 캘리포니아는 이상적인 기후조건을 갖추고 있는 지역으로 풍부한 자본과 우수한 기술을 바탕으로 세계적인 와인을 생산하고 있는 지역이다.

신세계국가인 미국은 구세계국가들처럼 떼루아에 치중하기보다는 기술력에 더 많은 힘을 쏟고 있다. 특히 가장 생산량이 많은 캘리포니아는 포도가 익는 계절에 강우량이 적다. 이런 점은 관개수로 혹은 스프링클러 등의 사용으로 극복해가며 포도를 재배하고 있다.

컬트와인(Cult Wine)

오래 전부터 컬트와인(Cult Wine)이라 불리는 와인들이 있으나 많은 양이 있는 것은 아니다. 이 와인들의 명성은 와인 애호가들 사이에서 개별의 특성에 맞추어 은밀히 알려져 있으며 해당 국가에서만 국한되어 알려진 희귀 와인이었으나 상업적 영향으로 이제는 국제적으로 알려진 와인이 되었다. 이에 따라 증가되는 수요는 가격을 상승시켰다.

컬트와인이 상업화 되기 시작하면서 엄격하게 최고의 포도원에서 최고의 포도만을 골라서 생산하여 작은 수량만이 손수 만들어지는 와인이다. 와인메이커의 입장에서는 도전해 볼만한 수공 걸작품이 되었다. 주로 레드와인을 많이 이용하며 최고의 오크통을 사용하여 가장 신중하게 만들게 되는 와인인 것이다.

처음 컬트와인이 시작된 대표적인 예는 프랑스 뽀므롤 지역의 샤또 르팽(Château Le Pin)이다. 1979년까지 이 와인은 벌크로 판매되던 와인이었다. 그러나 소유주 Jacques Thienport가 첫 번째 와인 레이블을 시장에 내놓으면서 주요 와인 평론가들로부터 극찬을 받으면서부터 알려지게 되었다.

이 당시 소개된 와인은 1982년 빈티지의 샤또 르팽(Le Pin)으로 100% 메를로 포도품종을 이용하여 2헥타르의 조그만 면적에서 극소량 얻게 된 와인이었던 것이다. 이때 병당 가격은 1600불로 심지어 샤또 페트뤼스에 버금가거나 더욱 높은 가격으로 올라갈 만큼 매력적인 와인이었던 것이다.

그 후 컬트와인은 좀 더 구체화된 카테고리로 보르도에서부터 시작하여 부르고뉴, 이탈리아 그리고 미국에서까지 개발되기 시작하였다.

최근 들어서는 호주의 바로사 벨리에서도 컬트와인이 등장하였다. 약 10년 전부터 알려져 왔던 Torbreck와 Three Rivers 등과 같은 이름들은 호주의 최고급 와인들인 펜폴즈 그랜지(Penfolds Grange)와 헨쉬케 힐오브 그레이스(Henschke Hill of Grace)들 보다 훨씬 더 높은 가격에 판매되고 있다.

호주의 빅토리아에서는 Wild Duck Creek이 높은 가격에 판매되고 있으며 Giaconda, Bass Phillip Pinot Noir는 부르고뉴의 피노 누아를 압도할 정도이며 Mount Mary를 얻기 위해서는 오랜 기간 기다려야 할 것이다.

고급와인 전문 딜러들은 이러한 와인들에 극도의 관심을 가지고 있으며 새로운 와인 스타가 나타나는 것에 촉각을 곤두세우고 있기도 하다.

그렇다면 최상급의 와인을 만들기 위해서는 어떠한 요소들이 필요할 것인가?

이러한 조건을 위해 와인을 만들기에는 많은 복합적인 요소들이 있으나 간단하게 설명한다면 아래와 같다.

① 높은 품질
② 전문가들의 평
③ 수상경력(각종 와인 경연대회)
④ 한정된 수량
⑤ 최고의 빈티지
⑥ 경매의 높은 가격
⑦ 와인의 이미지와 평판

전 세계적으로 알려진 훌륭한 와인들은 제한된 빈티지, 생산면적 그리고 생산수량으로 한정되어 있다. 훌륭한 와인 맛을 경험하고자 하는 와인 애호가들 사이에서 컬트와인은 충분히 관심거리가 된다. 한정된 수량만 생산됨으로써 선택된 일부 와인 애호가들만이 구매할 수 있다는 컬트와인은 이제 전세계적으로 알려져 있다. 컬트와인을 맛보려는 사람들의 수는 더욱 늘어나고 있으며 그에 따라 와인 가격도 계속해서 올라가고 있는 추세이다.

와인메이커에게 있어서도 컬트와인의 범주에 들어갈 수 있는 와인을 만드는 도전에 충분히 매력적인 부분이 있다. 와인 애호가들 또한 선택된 일부에게 맛 보여질 수 있는 데에서 더욱 더 큰 만족감을 얻고자 한다. 그러나 이러한 컬트와인들이 더욱 상업적으로 발전하게 될까 우려하는 의견들도 있다.

오퍼스원(Opus One) 로버트 몬다비와 무통 로칠드의 합작품으로 탄생된 오퍼스원은 나파 최초의 부티크 와이너리이다. 구세계국가와 신세계국가의 절묘한 조화라고 할 수 있다.

3. 재배 포도품종

캘리포니아에서는 우리가 알고 있는 대부분의 포도품종이 재배되고 있다.

화이트 품종은 특히 샤르도네, 소비뇽 블랑(퓌메 블랑이라고도 함)이 대표적이다. 프렌치 콜롬바, 말바지아 비앙카, 뮈스카 알렉산더 등과 같은 품종은 주로 블렌딩와인으로 사용된다. 레드와인 품종은 까베르네 소비뇽, 메를로, 진판델, 피노 누아가 대표적이다.

4. 생산지역 특징

○ 미국의 AVA 제도(American Viticultural Areas)

AVA는 '미국 정부 승인 포도재배지역'이란 뜻으로 연방 정부에 승인되고 등록된 주 혹은 지역 내에 속하는 특정 포도재배지역을 말한다. AVA지정은 1980년대부터 시작하였다. 구세계국가의 지역별 관리 제도를 표본으로 만든 제도이다. 프랑스 보르도의 경우 AOC라는 원산지 표시 제도를 엄격히 시행한다면, 미국의 AVA는 각각의 주에서 승인된 포도재배지역을 말한다. AVA 승인을 받았다고 하여 품질이 보증되는 것은 아니지만, 유명한 포도재배지역 및 와인 생산지역이라는 것을 표시해주는 제도이기 때문에 원산지에 대한 이해에는 도움을 준다.

1) 나파밸리 AVA

- 인디언 말로 '풍요의 땅'을 의미한다.
- 1933년 금주법 폐지로 부흥을 맞게 된 나파밸리는 2/3가 프랑스 품종을 상업적으로 재배하기 시작하면서 품질과 지명도를 얻는데 선두를 차지하게 되었다.
- 까베르네 소비뇽 + 까베르네 프랑 + 메를로를 블렌딩한 와인을

최고의 품질로 10년간 숙성시켜서 마실 수 있는 특징이 있다.

- 까베르네 소비뇽과 샤르도네가 특히 유명하다.

2) 소노마밸리 AVA

- 과거에는 벌크와인을 주로 많이 생산했었으나 1970년 와인의 품질이 개선되면서 약 13만톤의 와인을 생산하고 있다.
- 샤르도네의 최고 재배지로 각광받고 있다.

3) 멘도치노 AVA

- 유기농 재배의 선두지역으로 샤르도네와 피노 누아가 매우 잘 자란다.
- 여름철에 매우 덥지만, 야간에는 온도가 선선해져서 포도재배에 매우 적합한 지역이다.
- 메를로, 진판델 등을 이용하여 부드러우면서도 풀바디한 레드와 인도 생산한다.

5. 레이블 표기

1) 레이블 표기 방법; 해당 지역에서 생산된 포도품종 사용량을 표시하며, 사용량은 주마다 다르다.

① 주(州)명칭 표시

- 연방법: 주 내에서 수확된 포도 사용: 75%
- 캘리포니아주 및 워싱턴주(2009년 빈티지까지): 100%
- 워싱턴주(2010년 빈티지부터): 95%
- 오리건주(2010년 빈티지부터): 95%

② 카운티(County) 명칭 표시

- 카운티에서 수확된 포도 사용: 75%

- 다중 카운티를 표시할 경우 비율을 레이블에 기재할 것(단, 3지역까지)

③ AVA 표시

AVA 내에서 수확된 포도를 사용: 85%

④ 포도밭 표시

특정 포도밭에서 수확된 포도를 사용: 95%

2) 와인의 타입

① 제네릭 와인(Generic Wine)

품종을 쓰지 않고, 스타일만을 표시하는 와인으로 여러 가지 품종을
블렌딩해서 양조

② 버라이어탈 와인(Varietal Wine)

품종을 기재한 고급와인

③ 메리티지 와인(Meritage Wine)

- Merit + Heritage: 미국에서 보르도 스타일
  로 만든 와인

- 까베르네 소비뇽, 메를로, 까베르네 프랑, 말벡,
  쁘띠 베르도, 소비뇽 블랑, 세미용, 뮈스카델
  등 해당업체가 생산하는 최고의 제품

덕혼 빈야드의 테이스팅룸

파리의 심판

1976년 5월 24일. 프랑스 파리에서 프랑스와인과 미국와인이 블라인드 테이스팅을 통해 어떤 와인이 최강자인지를 결정하는 이벤트를 열었다. 심사자들은 9명의 프랑스인들로 와인 및 외식업계의 전문가들로 구성되었다.

이벤트에 출판된 화이트와인은 4개의 부르고와인과 6개의 캘리포니아 샤르도네, 레드와인은 4개의 보르도 와인과 6개의 캘리포니아 까베르네 소비뇽이었다.

블라인드 테이스팅의 결과 놀라웠다. 프랑스와인만이 최고라는 프랑스인들의 자존심에 상처를 낸 것이다. 화이트와인은 물론 레드와인도 캘리포니아 와인이 모두 1등을 차지한 것이다.

결과는 다음과 같다.

1등 화이트와인 : 샤토 몬텔레나(1973), 샤르도네

The best white Wine: 1973 Napa Valley Chardonnay from Chateau Montelena.

1등 레드와인 : 스택스립 와인셀러(1973), 까베르네 소비뇽

The best red Wine: 1973 Cabernet Sauvignon from Stag's Leap Wine Cellars.

2등 화이트와인 : 도멘 훌로(1973), 뫼르소-샤름

The second-ranked white Wine: 1973 Meursault-Charmes from the Domaine Roulot.

2등 레드와인 : 샤또 무통로칠드(1970)

The second-best red Wine: 1970 Chateau Mouton-Rothschild.

이벤트를 계기로 미국와인의 명성은 날로 높아졌고, 미국인들은 이 이벤트를 '파리의 심판'이라 불리며 신세계국가 와인도 충분히 훌륭한 와인을 만들 수 있다는 확인과 자부심을 확인시켜줬다.

1. 미국와인 생산량의 90%를 차지하고 있는 지역은?

2. 미국의 AVA제도가 무엇인지 설명하시오.

3. 메리티지와인(Meritage Wine)은 무엇인가?

4. 미국와인의 대표적인 와인 생산지역은 어디인가?

14 CHAPTER 새로운 와인 대륙의 발견 칠레 & 아르헨티나

I. 칠레

1) 칠레와인의 개요

칠레는 남북 간의 국토 길이가 약 5,000km로 세로로 매우 긴 나라이다. 안데스 산맥과 해안 산맥 사이에 끼어 있는 고원과 평야로 되어 있으며 산, 사막, 빙하, 바다, 화산 등 모든 것이 있는 나라이다.

기본적으로 보르도 스타일과 매우 유사하여 까베르네 소비뇽과 메를로 등의 보르도 품종이 주를 이룬다. 또한 블렌딩을 하는 방법도 프랑스 양조법과 유사하게 하고 있지만, 유럽지역에 비해 부드러워 마시기 쉬운 와인을 만들고 있다. 그러나 섬세함과 복합적인(complexity) 맛과 향이 결여되어 있다는 지적은 계속 받고 있다. 이러한 지적을 극복하고 프리미엄 와인으로 거듭나기 위해 프라임급, 리저브급, 프리미엄급의 와인으로 구분하여 생산하고 있다.

세로길이: 약 5,000km
가로길이: 약 170km

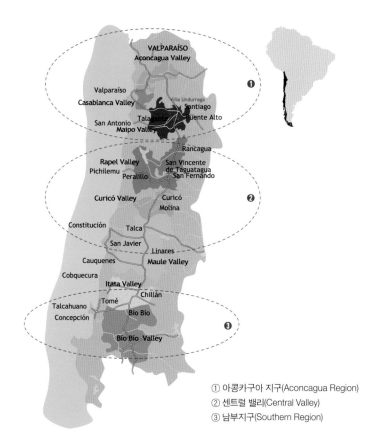

① 아콩카구아 지구(Aconcagua Region)
② 센트럴 밸리(Central Valley)
③ 남부지구(Southern Region)

2) 칠레의 지리적 및 토양 특징

칠레는 지중해성 기후로 겨울에 비가 내리며 여름은 다소 건조하고
일조량이 매우 풍부하다. 또한 약 20도의 일교차와 포도 성장 기간에
거의 비가 오지 않아 완숙한(ripe) 포도를 수확할 수 있으며 필록세라의
피해로부터 안전하여 일정한 품질의 와인으로 평가받고 있으며, 친환경
적인 포도재배가 가능하다.

연간 380mm의 적은 강수량으로 인해 안데스 산맥의 청정수를 활용
한 관개시설로 가뭄을 극복하고 있다.

3) 재배 포도품종

화이트와인 품종의 경우 소비뇽 블랑, 샤르도네, 세미용 순으로 생산
량이 많으며 레드와인 품종의 경우 까베르네 소비뇽, 메를로, 까르미네
르 순으로 많다. 까르미네르의 원산지는 프랑스 보르도이지만 칠레의 토

양과 잘 맞아 칠레에서 대표품종으로 재배하고 있는 품종 중 하나이다. 부드럽고 우아한 특징이 메를로와 비슷하여 간혹 메를로와 혼동되기도 한다.

4) 와인 재배지역

칠레의 재배지역은 아콩카구아 지구, 센트럴 밸리, 남부지구로 크게 세 지역으로 구분된다.

① 아콩카구아 지구(Aconcagua Region)

안데스 산맥과 인접해 있으며 지중해성 기후이다. 연간 240~300일의 청정한 날씨로 여름에는 일교차가 20도에 달한다. 아콩카구아에 속해 있는 카사블랑가 밸리(Casablanca Valley)에서는 소비뇽 블랑, 샤르도네, 피노 누아가 매우 유명하다.

② 센트럴 밸리(Central Valley)

칠레의 와인 생산지역 중에서 가장 중요한 지역이다. 이곳은 까베르네 소비뇽, 메를로, 까르미네르를 생산하는 최고의 산지이다.

칠레와인의 90%가 센트럴 밸리에서 생산되며, 센트럴 밸리에서는 단일품종뿐만 아니라 보르도 스타일의 블렌딩 와인도 생산되고 있다.

③ 남부지구(Southern Region)

칠레에서 새롭게 개발된 산지로 비오비오 밸리(Bio Bio Valley)와 이따따 밸리(Itata Vallry) 등 서늘한 기후대를 형성하고 있다.

남부지구에서는 관개수로가 필요치 않으며 리슬링과 게뷔르츠트라미너와 같은 아로마가 풍부한 화이트와인 생산이 적합한 곳으로 개발되고 있다.

5) 칠레와인 규정

1967년부터 포도밭의 지역별 구분과 면적제한을 실시하였고, 1995년 이전까지는 품종에 대한 규정만 있었다(해당 품종 85% 이상).

1995년 원산지 통제명칭제도(Denominacions de Origen)를 새롭게 정비하면서 다음과 같이 와인이 구분되었다.

- 테이블 와인(Vino de Mesa): 품종, 품질, 빈티지 표시 불가
- 원산지 표시 와인: 칠레에서 병입된 것(지역포도, 해당연도, 품종 75% 이상)
- 산지 표시 와인(Estate Bottled): 산지 내 위치
- 숙성기간 표시: Gran resereva, Gran Vino, Resereva, Resereva Especial, Resereva Privada, Selection, Superior 등으로 표기

  (특별한 규정 없이 회사별로 사용)

그러나 칠레와인의 레이블에 원산지, 품종, 빈티지를 표기하려면 다음과 같은 조건을 만족해야 한다.

- 해당 원산지의 품종 75% 이상
- 해당 품종 75% 이상
- 해당 빈티지 75% 이상

* 블렌딩한 와인의 경우 3가지 품종까지 표기가 가능하며, 각 품종을 최소 15% 이상 사용해야 한다.

2. 아르헨티나

1) 아르헨티나와인 개요

남미대륙에서 두 번째로 큰 나라이지만 와인생산지에 있어서는 칠레와인의 일부로만 인식되어 왔다. 아르헨티나의 와인소비는 주로 국내에서 이루어졌지만, 1885년 부에노스아이레스~멘도자 사이의 철도가 개설되면서 와인시장의 규모가 커졌다. 1977년 와인산업이 고조에 달했을 무렵에는 35만 헥타르가 넘는 포도밭들이 있었지만, 인플레이션이라는 경제적 타격을 입은 후 와인산업도 침체기에 들어섰다. 그러나 1980년 이후 정치와 경제가 안정을 찾기 시작하고, 1990년 후반부터 칠레인들이 다방면의 투자를 시도하면서 아르헨티나와인도 새로운 성장가도를 달리고 있다.

① 살따(Salta)
② 산 후안(San Juan)
③ 멘도자(Mendoza)

2) 지리적 및 토양 특징

아르헨티나도 칠레와 함께 필록세라의 피해를 입지 않은 지역이다. 이는 사막과 같은 따가운 햇볕으로 포도밭의 역질이 없고, 300일이 넘는 청명한 날씨 덕에 훌륭한 산지의 여건을 모두 갖추고 있다. 강수량은 200~250mm로 매우 적지만, 안데스 산맥을 활용한 훌륭한 관개시설로 극복하고 있다.

3) 포도품종

아르헨티나와인의 400년 역사와 함께 성장하고 있는 대표적인 품종이 말벡이다. 프랑스 보르도에서는 말벡의 재배면적이 점차 줄어들고 있지만, 아르헨티나에서는 국민품종으로 사랑받고 있다. 말벡 이외에도 까베르네 소비뇽, 메를로, 쉬라즈도 재배되고 있으며 또론떼스, 뮈스까를 활용하여 드라이 화이트와인을 생산하고 있다.

4) 생산지역

① 살따(Salta)
- 전체 와인 생산의 약 2% 정도 차지하지만, 가장 오래된 산지이며 세계에서 가장 높은 위치에 포도밭이 있다.
- 토양은 사토와 자갈이 많아 배수가 잘된다. 품질 좋고 역사가 오래된 와이너리들이 많다.

② 산 후안(San Juan)
- 아르헨티나에서 두 번째로 큰 포도재배지역이며 산후안 강으로부터 물을 얻는다.
- 멘도사의 바로 북쪽에 위치하고 있어 매우 건조하고 산악지대에서 포도가 재배된다.

③ 멘도자(Mendoza)
- 안데스 산맥 고도 600m의 구릉지에 흩어져 있다.

● 전국의 70%를 차지하는 최대산지이며, 대부분의 고급와인은 멘
  도자에서 생산되고 있다.

1. 칠레의 지리적 및 토양 특징에 대해 설명하시오.

2. 칠레에서 재배되는 품종은 어떤 것이 있는가?

3. 칠레에서 품종명, 원산지명, 빈티지를 레이블에 기재하기 위해 사용해야 하는 비율에 대해 설명하시오.

4. 아르헨티나의 대표품종은 무엇인가?

5. 아르헨티나의 가장 최대 와인 생산지역은 어디인가?

CHAPTER 15

열정 가득한 호주 & 뉴질랜드 wine

I. 호주

1) 호주와인 개요

1788년 뉴 사우스 웰즈(New South Wales)의 초대 총독이 포도밭을 조성하여 와인 생산이 시작되었다. 초기에는 대부분이 포트와인과 쉐리와인 스타일의 주정강화 와인이 생산되었으나, 1820년대부터 상업용 와인을 생산하기 시작했다.

호주의 와인양조와 유럽의 양조를 비교한다면, 유럽의 퀄리티와인은 떼루아나 원산지를 드러내는 것에 강한 애착을 나타내고 있다. 그러나 호주(뉴월드)의 와인은 원산지보다는 양조기술을 이용하여 와인을 생산하는데 목표를 두고 있다.

꾸준한 품질향상과 노력으로 인해 20세기 말부터는 퀄리티 와인생산국으로서 점차 인정받고 수출량도 꾸준히 증가하고 있는 추세이다.

① 뉴 사우스 웨일즈(New South Wales)
② 빅토리아(Victoria)
③ 사우스 오스트레일리아(South Australia)
④ 웨스턴 오스트레일리아(Western Australia)

2) 지리적 및 토양의 특징

호주는 전체적으로 지중해성 기후이나, 와인 생산에 적합한 토양
은 아니다. 그래서 포도밭들이 관개수로를 위해 머레이 달링(Murray-
Darling)계곡에 위치해 있다.

South Eastern 지역은 빈티지에 따라 와인의 품질이 거의 차이 없
는 특징이 있다.

3) 포도품종

호주를 대표하는 품종을 말하라면 망설임 없이 시라=쉬라즈(프랑스어:
Syrah=호주: Shiraz)이다.

까베르네 소비뇽이 나무향이 난다면 쉬라즈는 매운향이 난다. 스파이
시(Spicy)하다고 많이 표현하는데 후추향과 민트향의 느낌이다. 까베르네
소비뇽처럼 탄닌이 풍부한대다가 자극적인 향이 잘 어우러져 굉장히 풍
성한 느낌의 포도품종이 쉬라즈이다.

쉬라즈의 색은 와인 포도품종 중 가장 진한 색을 띤다. 기존에 와인이 루비색이 많다면 쉬라즈는 아주 진한 자주빛이 돈다. 쉬라즈는 어떤 기후에서 자랐느냐에 따라 차이를 보인다.

표 15-1 ≫ 재배기후에 따른 쉬라즈 스타일 비교

따뜻한 기후	서늘한 기후
– 우아하며 미디움 바디 혹은 풀바디 – 때로는 힘찬 풀바디한 질감 – 블랙베리, 자두, 감초, 후추. 서늘할수록 후추향 진해짐 – 오크통 숙성의 경우 매우 복합적인 맛을 함께 가짐	– 풍미가 넘치고 탄닌이 풍부 – 질감은 풀바디 – 톡 쏘며 감초, 블랙베리, 초콜릿 향이 특징

그 외 재배되는 품종은 다음과 같다.

레드와인: 쉬라즈, 까베르네 소비뇽, 메를로, 피노 누아, 루비 까베르네,

그르나슈, 마타로(Mataro: 무르베드르), 까베르네 프랑

화이트와인: 샤르도네, 세미용, 리즐링, 소비뇽 블랑

4) 생산지역

고급와인 생산지역의 상당수가 수 세기 동안 확립되어 있던 유럽에 비하면, 호주의 와인 생산지역은 캘리포니아와 마찬가지로 비교적 젊다. 호주의 와인생산지는 크게 네 지역으로 나눠볼 수 있다.

① 사우스 오스트레일리아(South Australia)

사우스 오스트레일리아는 애들레이드 시 주위를 둥글게 에워싸고 있으며 애들레이드 힐스, 바로사 밸리, 에덴 밸리, 클레어 밸리, 쿠나와라, 패서웨이, 맥라렌 베일 등을 포함하고 있다.

현재 호주와인의 절반 이상이 이 주에서 생산되는데 호주 최고의 까베르네 소비뇽과 쉬라즈, 샤르도네, 리슬링, 세미용 등이 포함된다.

② 뉴 사우스 웨일즈(New South Wales)

뉴 사우스 웨일즈는 헌터 밸리, 머지, 리베리나가 속해 있으며, 사우스 오스트레일리아에 이어 호주에서 두 번째로 중요한 와인 생산지역이

다. 그 중에서도 헌터 밸리는 호주 최초의 와인 지역으로 샤르도네 품종으로 고급와인을 생산해내는 곳으로 잘 알려져 있다. 최근에는 세미용이 숨겨진 보석 같은 품종으로 주목 받고 있는데 특히 5~10년 이상 숙성시키면 놀라운 변화를 보여주어 그 품질을 인정받고 있다.

③ 빅토리아(Victoria)

빅토리아는 호주 본토 와인생산지 중에서 규모가 가장 작은 데다 가장 남쪽에 있다. 빅토리아보다 규모가 더 작고 남쪽에 있는 지역은 우수한 피노 누아가 생산되는 곳으로 알려진 태즈매니아 섬뿐이다. 멜버른 시에서 부채 모양으로 펼쳐진 와인 구역에는 약 600여 개의 와이너리들이 펼쳐져 있다. 빅토리아의 와인 지역은 기후와 지형, 토양이 매우 다양하다. 야라 밸리와 질롱, 모닝턴 페닌슐라 등은 바다와 가까우며 샤르도네와 피노 누아가 번성할 수 있을 만큼 충분히 서늘하다. 더 내륙 쪽에 있는 따뜻한 골짜기들은 까베르네 소비뇽과 쉬라즈로 유명하며 빅토리아의 동남부에 위치한 루더글렌과 글렌로완에서 양조되는 매력적이고도 달콤한 뮈스카와 토카이는 빅토리아의 특산품으로 손꼽힌다.

④ 웨스턴 오스트레일리아(Western Australia)

호주의 마지막 와인 산지인 웨스턴 오스트레일리아주는 호주 대륙의 동남부 와인양조 중심지에서 4,828km나 떨어진 곳에 있다. 마가렛 리버, 그레이트 사던 리전, 펨버튼, 퍼스 힐스, 스완 밸리 등을 포괄하는 웨스턴 오스트레일리아에서도 가장 유명한 와인 지역은 마가렛 리버다.

인도양 쪽으로 팔꿈치가 툭 튀어나온 듯 한 바람받이 구역에 자리한 이곳은 청명한 까베르네 소비뇽으로 잘 알려져 있다. 이곳은 또한 해안 지방이라는 위치와 자갈 토양의 결합으로 보르도와 유사한 조건을 상기시켜 까베르네 소비뇽과 메를로, 세미용과 소비뇽 블랑과 같은 보르도의 품종을 재배하게 되었으며, 그 밖에도 호주 최고의 와인 가운데 하나로 손꼽히는 샤르도네 생산지로도 잘 알려져 있다. 양조용 포도뿐만 아니라 테이블 포도로도 유명한 곳으로 주로 달콤한 와인이나 주정강화 와인을 생산하던 곳이다.

2. 뉴질랜드

1) 뉴질랜드와인 개요

뉴질랜드는 19세기 후반부터 포도나무를 재배하기 시작했다. 특히 주요 생산지역 중 하나인 말보로(Marlborough) 지역에서는 1973년에 처음 포도나무가 심어졌다. 역사만 보더라도 뉴질랜드는 아직 와인생산국으로서 이미지를 다지고 있는 시기라고 할 수 있다. 그러나 최근 들어 북미와 호주시장을 개척하고 소비뇽 블랑 품종이 드라마틱한 성공을 거두면서 와인산지로서 잠재력과 성장 가능성을 동시에 보여준 나라이기도 하다.

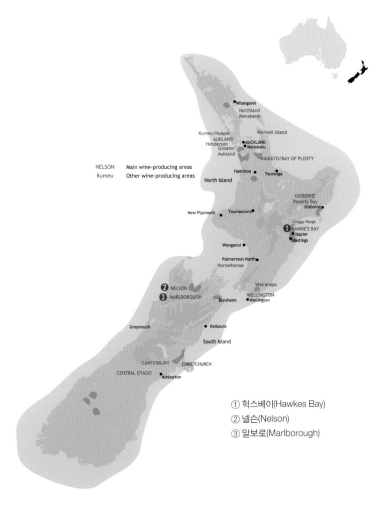

① 헉스베이(Hawkes Bay)
② 넬슨(Nelson)
③ 말보로(Marlborough)

2) 지리적 및 토양 특징

뉴질랜드는 두 개의 섬으로 이루어져 있는 해양성 기후이다. 해양성 기후는 서늘하고 습한 기후로 뉴질랜드에서도 강수량이 많아 포도재배의 문제점이라고 할 수 있다. 뉴질랜드에서 가장 일조량이 훌륭한 지역은 남섬의 말보로 지역이다.

3) 포도품종

뉴질랜드가 와인생산지로서 이름을 알리기 시작한 품종이 바로 소비뇽 블랑이다. 소비뇽 블랑은 프랑스 루아르 지방이 원산지이고, 루아르 지방의 소비뇽 블랑은 미네랄이 풍부한 것이 특징이었다. 그러나 뉴질랜드에서는 독특한 풀향이 나면서 상큼한 향이 아주 매력적이다. 현재 뉴질랜드 소비뇽 블랑은 전 세계의 벤치마킹 대상이 될 정도로 각광받고 있다.

그 외에 재배가 까다로운 피노 누아도 성공을 거두어 점차 생산량을 늘려가고 있다.

4) 생산지역

뉴질랜드는 크게 북섬과 남섬 두 개로 이루어져 있다. 말보로, 혁스베이, 기즈번 이 세 지역이 뉴질랜드와인 생산량의 80%를 차지하고 있다.

① 남섬

남섬에는 말보로(Marlborough), 넬슨(Nelson), 캔터베리(Canterbury), 센트럴 오타고(Central Otago) 등이 와인 생산지역이다. 특히 말보로는 생산량 1위의 지역으로 이 지역의 소비뇽 블랑 전 세계적으로 유명하고 사랑받고 있다. 말보로는 일조량이 많고 자갈토양으로 배수가 잘되는 것이 특징이다.

② 북섬

북섬에는 오클랜드(Auckland), 기즈번(Gisborne), 혁스베이(Hawkes Bay),

와이카토(Waikato), 웰링턴(Wellington)과 같은 지역이 있다. 헉스베이는 뉴질랜드 전체 생산량 2위를 차지하는 지역으로 상업용 와인의 발상지역이다. 또한 비옥한 토양과 강우량이 적어 까베르네 소비뇽을 중심으로 레드와인도 만들고 있으며, 소비뇽 블랑도 역시 재배되고 있다.

1. 호주의 대표품종은 무엇인가?

2. 사우스 오스트레일리아에 속한 지역은 어디인지 작성하시오.

3. 뉴질랜드의 대표품종은 무엇인가?

4. 뉴질랜드 생산량 80%를 차지하고 있는 세 지역은 어디인가?

기타 신세계국가 wine

1. 남아프리카공화국

남아공의 토양은 세계에서 가장 오래된 토양에 속하는 곳으로 1652년에 유럽에서 동양을 오가는 뱃사람들을 위해 휴식장소를 희망봉에 마련하였다. 그 후 1659년 케이프 포도로 처음 와인이 생산되어 약 30년 후 종교적 박해를 받는 프랑스인들이 남아공으로 이주해 오면서 남아공 와인문화가 풍부해지기 시작했다.

남아공 와인산업의 발전을 위해 1918년 와인 생산자 협동조합인 KWV가 설립되었고, 1997년에 민영화되었다. 지속적으로 남아공 와인이 해결해야 할 과제는 고품질화와 브랜드화였다. 많은 노력 끝에 현재 FAIRVIEW, NEIL ELLIS, KANONKOP 등의 브랜드가 등장하면서 남아공 와인의 품질도 명성을 쌓아가고 있다.

남아공에서는 슈냉 블랑을 스틴(Steen)이라는 애칭으로 와인을 만들고 있다. 스틴의 특징은 높은 알코올 도수가 특징이다. 레드와인 품종으로는 까베르네 소비뇽과 쉬라즈, 메를로도 재배하고 있지만, 1925년 페럴드(Perold)박사에 의해 피노 누아와 쌩쏘의 교배로 피노타지(Pinotage)가 개발되었다. 비교적 가벼운 스타일부터 높은 알코올과 진한 탄닌을 가진 피노타지는 레드와인임에도 불구하고 산도가 특징이다.

남아공의 와인생산지는 주로 서쪽 케이프(Western Cape)에 집중되어 있다. 그 중 주요산지는 콘스탄시아(Constantia), 스텔렌보쉬(Stellenbosch), 팔(Paarl) 지역이다.

남아공에 위치한 Kanonkop(캐논캅) 와이너리 캐논캅은 대포를 의미하는 단어로 와인을 생산한 지는 오래되지 않았지만, 와인에 대한 열정과 사랑은 매우 높았다.

페어뷰(Fairview) 와이너리에 들어가면 염소가 있다. 마치 와이너리를 지키는 보디가드 같다.

페어뷰(Fairview)에서 생산하는 와인 와인 이름을 보니 뭔가 떠오르지 않는가? 패러디의 진수를 보여주는 와인이다. 이름에서 느껴지는 센스만큼 와인도 굉장히 인상적이다.

2. 캐나다

와인벨트 중 북위 50도 경계선에 있는 캐나다는 1860년경부터 와인을 생산하였다. 30~40년 전까지는 비티스 라부르스카의 품종을 사용한 스위트와인이 대부분이었다. 그러나 최근들어 양조기술의 발달로 비티스 비니페라 품종을 사용한 여러 가지 와인이 생산되고 있다.

날씨가 추운 탓에 기온이 올라가는 낮에는 포도의 당도가 높아지고, 기온이 내려가는 밤에는 높은 산도를 유지할 수 있는 특징이 있다.

구세계국가에서 가장 달콤한 아이스와인 생산지역이 독일이라면 신세계국가에서는 캐나다가 최고이다. 캐나다는 아이스와인을 생산하면서 상업적으로 크게 성공을 거두었다.

캐나다에서는 1988년 와인상인 품질 연맹인 VQA(Vitner's Quality Alliance) 제도가 도입되었다. VQA는 포도재배와 와인양조 기준 및 지역의 범위까지도 포함한 제도이다. 현재 온타리오 주에 4개, 브리티시컬럼비아 주에 5개로 총 9개가 특정 재배지역으로 지정되어 있다.

캐나다의 주요 포도품종은 화이트와인의 경우 샤르도네, 리슬링, 비달 등이 재배되는데 비달이 현재 최대 생산 품종이며, 아이스와인용으로 매우 인기가 좋다.

레드와인의 경우 까베르네 프랑, 메를로, 까베르네 소비뇽과 레드와인 품종 중 최대 생산 품종인 콩코드가 함께 재배되고 있다.

1. 남아공에서 불리는 스틴(Steen)이라는 품종은 무슨 품종인가?

2. 남아공의 주요 와인 생산지역은?

3. 캐나다가 상업적으로 성공할 수 있도록 만든 와인 스타일은 무엇인가?

PART

VI

wine

와인서비스
실무

와인 준비 과정
wine

1. 와인 준비하기

레드와인은 탄닌으로 인해 침전물이 생길 수 있다. 따라서 레드와인의 경우 와인 셀러에서 한두 시간 전에 꺼내어 침전물이 바닥에 가라앉도록 세워두고, 자연스럽게 실내온도에 의해 온도가 올라가도록 한다.

화이트와인은 서비스 온도가 매우 중요하다. 아이스 버킷을 준비하여 얼음과 물을 채우고, 비스듬히 끼워둔다. 아이스 버킷이 없는 경우, 냉장고 제일 하단에 두어 온도를 낮추어 준다.

2. 와인의 적정온도

표 17-1 ››› 와인 스타일별 적정온도

와인 스타일	칠링의 적정온도
탄닌이 많은 풀바디 레드와인	16~18℃
탄닌이 적당한 미디움이나 라이트 바디 레드와인	14~16℃
드라이한 화이트와인	12~16℃
로제와인, 라이트한 화이트와인	6~10℃
스위트와인, 스파클링 와인	6~8℃

3. 와인 레이블 읽기

와인이 어렵게 느껴지는 이유 중 하나는 바로 와인 레이블 때문이다. 와인 레이블은 각 나라마다 각기 다른 기준으로 표기하기 때문에 혼동될 수 있다.

포도품종, 포도재배지역, 등급, 와인 제조 회사, 빈티지 등이 공통적으로 레이블에 표기된다. 소비자들은 레이블을 보고 와인에 대한 기본정보를 추측하게 되므로 레이블 읽기는 매우 중요하다.

일반적으로 구세계국가 와인들은 떼루아를 중심으로 와인 레이블을 작성하므로, 지역명 혹은 마을명을 알고 있어야 한다. 또한 포도품종은 표시하지 않기 때문에 지역별 특정 포도품종도 반드시 알고 있어야 한다.

반면에 신세계국가 와인들은 레이블에 포도품종을 표시하고 어렵게 작성하지 않는다. 대신 소비자들의 눈에 쉽게 띄고 감각적으로 보이기 위해 심플하면서도 디자인적인 부분을 더 많이 신경 쓰고 있다.

① 레이블의 종류

레이블은 Main Label, Neck Label, Back Label로 구분된다.

표 17-2 ››› 레이블의 종류

레이블의 종류	레이블 내용
Main Label	– 브랜드 명 – 주된 일반정보 표시
Neck Label	– 생산연도와 생산회사를 표시 – 보르도나 신세계에서는 잘 사용하지 않음 – 이탈리아의 경우 끼안띠 클래시코를 표시하기 위해 넥레이블에 검은 수탉의 표시를 한다.
Back Label	– 간단한 와인 설명 및 양조의 특징적인 내용 – 음식매칭 등

② 와인 레이블 기본 내용

- 와인 생산자 및 와인 이름
- 빈티지
- 포도품종
- 생산국
- 와인구분(등급, 숙성기간 등)

와인 레이블 예시 1

→ 도멘 이름

→ 마을이름 및 밭의 등급
→ 밭의 이름
→ 빈티지

와인 레이블 예시 2

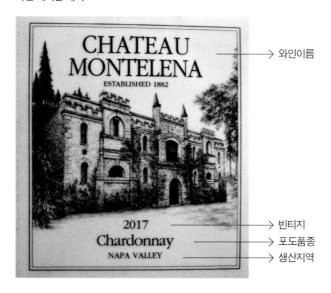

→ 와인이름

→ 빈티지
→ 포도품종
→ 생산지역

1. 와인 스타일별 적정온도에 대해 설명하시오.

2. 레이블의 종류에는 무엇이 있는가?

3. 와인 레이블에 들어가는 기본 내용들은 무엇이 있는가?

와인서비스 실무
wine

1. 소믈리에 역할

소믈리에(Sommelier)는 프랑스 남부 프로방스어인 Saumalier에서 파생된 단어로 식음료를 운반하는 사람을 일컫는 말이었다. 중세시대부터 식품보관을 담당하는 Somme라는 직책에서 유래되어 현재의 소믈리에(Sommelier)라는 단어가 탄생되었다.

현재 소믈리에는 교육과 자격증 제도 등의 도입으로 소믈리에의 위상을 확립하고자 많은 노력을 하고 있다.

소믈리에의 역할은 레스토랑에 필요한 와인 리스트를 작성, 구매, 보관 및 관리를 하며 고객이 원하는 와인을 추천하는 것이 가장 큰 역할이라고 할 수 있다.

소믈리에의 기본 조건은 서비스 정신과 단정한 외모, 지적 소양을 바탕으로 와인에 대한 완벽한 지식이 필요하다. 또한 와인을 고객에게 쉽게 설명하기 위한 완벽한 언어 구사력과 외국어 능력이 필수조건이라고 할 수 있다.

와인은 식사에 있어 윤활유와 같다. 따라서 고객이 원하는 와인을 선택하도록 도움을 주는 소믈리에의 역할은 매우 중요하다.

① 와인 리스트 작성

- 레스토랑의 메뉴 및 스타일, 셀러 크기 등을 고려
- 셀러에 저장된 순서대로 리스트 작성하는 것이 고객이 주문한 와인을 신속하게 찾을 수 있음
- 리스트 배열 방법은 레스토랑의 컨셉을 고려하되, 일반적으로 나라별 → 지역별의 순으로 배열
- 정확한 와인명, 빈티지, 등급, 가격 표기

② 와인 구매

- 현실적 수요에 맞게 와인을 구매(셀러 크기를 고려하지 않고 와인을 구매하거나, 너무 많은 양의 와인을 구매하게 되면 제대로 보관할 수 없으므로 와인품질에 영향을 미침).
- 와인공급업자 선정 시 신뢰성 및 공정성 필요
- 와인을 선정 후 구매하기 전 반드시 테이스팅 필요(와인품질점검)

일반 소비자들이 와인을 구매할 수 있는 와인샵 에노테카는 이탈리아어로 '와인샵'이라는 의미. 수천가지 와인 중 와인을 선택하기란 쉽지 않으므로, 소믈리에의 도움을 받아 예산 및 모임의 성격, 메뉴에 따라 와인을 구매하면 된다. 와인 전문샵 외에도 백화점, 마트의 와인코너에서도 와인을 구매할 수 있다.

③ 와인 저장

와인을 저장 및 보관할 때는 온도, 습도, 햇빛, 진동 등 4가지 조건이 필요하다. 이 조건은 가정에서 와인을 보관할 때도 마찬가지이다.

- 와인 셀러의 환경은 10~15℃를 일정하게 유지
- 습도는 70~75%를 유지(통풍되도록 주의)
- 햇빛 없는 곳
- 진동과 불쾌한 냄새로부터 분리

일반 냉장고와 와인 셀러의 가장 큰 차이점은 열을 식혀주는 팬(fan)의 유무이다. 와인 셀러에는 팬이 없다. 그 이유는 팬이 작동하면 진동이 발생되어 와인에 악영향을 미치기 때문이다. 팬 없이 열을 식혀주는 기술 때문에 와인 셀러는 비싸다.

소믈리에 서비스 자세
소믈리에는 고객에게 와인을 서비스할 때 고객의 오른쪽에서, 와인을 들고 있지 않은 손은 뒷짐을 지고 서비스한다.

2. 화이트와인 서비스 순서

준비	– 고객이 주문한 화이트와인을 Ice basket에 넣어서 Side table이나 Stand에 준비한다.
	– Ice basket에는 얼음물을 1/4 정도 넣고 물을 2/3 정도 채운다.
	– 와인병은 고객이 레이블을 볼 수 있도록 Ice basket의 바깥쪽으로 눕힌 후 흰 냅킨(Napkin)으로 병목에 걸쳐 놓는다.
	– 서빙 온도는 Dry White Wine: 8~10℃
	              Semi Dry: 10~12℃
	              Very Sweet: 6~8℃

Presen-tation	– 냅킨을 사용하여 와인병의 물기를 제거한 후 냅킨에 얹어서 고객의 오른쪽에서 와인을 설명한다(와인의 레이블, 빈티지, 포도품종, 생산지 등).
Opening the bottle	– 흰 냅킨 위에 와인병을 올려놓는다. 이때 레이블은 고객이 볼 수 있도록 한다. – 와인캡을 제거하는데 이때 병을 눕히거나 돌려서는 안 된다. – 와인캡을 제거한 후 냅킨으로 병마개 주위를 깨끗이 닦는다. – 코르크의 중앙에 와인 코르크 스크류(Wine Cork Screw)를 삽입하고, 이때 나선형이 1 Step 정도 남도록 하며 손잡이는 5시 방향으로 한다. – 와인 코르크 스크류를 사용하여 코르크를 제거한 후 냅킨으로 병목을 깨끗이 닦는다. – 냅킨을 사용하여 서비스할 준비를 한다.
파지법	– 왼손에는 냅킨을 준비하여 와인병의 밑바닥이 놓이도록 하고 오른손으로는 와인병목을 가볍게 잡고 운반한다. 이때 레이블이 보이도록 한다. – 고객에게 서비스하는 동안 레이블을 볼 수 있도록 와인병을 잡는다.
Tasting	– 주문한 Host에게 테이스팅을 하게 되는데 이때 와인의 양은 와인글라스에 1/10 정도가 되도록 따른다. – Host의 오른쪽에서 서비스를 하는데 Host가 테이스팅한 후 OK라는 신호가 떨어지면 서비스한다.
Service	– 항상 와인 레이블을 보여주고 여성에게 먼저 서비스한 후 남성에게 서비스한다. – 왼손은 뒤로 서비스하고 오른손으로 고객의 오른쪽에서 서비스하며 시계가 도는 방향이다.
Keeping	– 와인서비스가 끝나면 Ice basket에 보관하는데 이때 레이블을 고객이 볼 수 있도록 Ice basket 바깥쪽으로 냅킨을 병목에 걸어둔다.
Refill	– 고객들이 와인을 드시면 젖은 물기를 닦아낸 후 냅킨을 사용한 후 서비스한다.

3. 레드와인 서비스 순서

준비	– 고객이 주문한 레드와인을 Round Tray로 운반한다.
Presentation	– 냅킨을 사용하여 보기 좋게 3등분 접어서 와인병을 파지하는데 레이블이 위쪽으로 오게 한다. – 고객의 오른쪽에서 와인을 설명한다(와인의 레이블, 빈티지, 포도품종, 생산지 등).
Opening the bottle	– Silver plate 위에 와인병을 세우고 레이블은 고객이 볼 수 있도록 한다. – 와인스크류에 붙어있는 칼로 캡슐 중간의 약간 도출된 부문에 (Dripping Rim) 칼집을 반 바퀴 넣어 앞뒤로 하여 제거하는데 와인병을 돌려서는 안 된다. – 냅킨으로 병마개 주위를 깨끗이 닦는다. – 코르크 중앙에 와인 코르크 스크류(Wine Cork Screw)를 삽입하고 이때 나선형이 1 Step 남도록 한다. 이때 와인 코르크 스크류 손잡이가 5시 방향으로 오도록 한다. – 와인 코르크 스크류를 사용하여 코르크를 제거한다. 코르크를 제거할 때 와인 코르크 스크류에 딸려있는 받침대를 병쪽 가장자리에 부착하고 밑에서 위로 조심스럽게 코르크를 빼는데 왼손으로 병쪽 가장 자리에 밀착되어 있는 와인 코르크 스크류의 받침대를 잘 지탱해야 한다. – 오른손으로 코르크를 제거한 후 즉시 냄새를 맡아 와인의 이상여부를 확인한 후 코르크를 Side Plate(Saucer)에 담는다. – 서비스하기 전에 병목을 냅킨으로 잘 닦는다.
파지법	– 왼손에는 냅킨을 준비하여 와인병의 밑바닥이 놓이도록 하고 오른손으로는 와인병목을 가볍게 잡고 운반한다. 이때 레이블이 보이도록 한다. – 고객에게 서비스하는 동안 레이블을 볼 수 있도록 와인병을 잡는다.
Tasting	– 주문한 Host에게 테이스팅을 하게 되는데 이때 와인의 양은 와인글라스에 1/10 정도가 되도록 따른다. – Host의 오른쪽에서 서비스를 하는데 Host가 테이스팅한 후 OK라는 신호가 떨어지면 서비스한다.
Service	– 항상 와인 레이블을 보여주고 여성 먼저 서비스한 후 남성에게 서비스한다. – 왼손은 뒤로 하고 오른손으로 고객의 오른쪽에서 서비스하며 시계가 도는 방향이다.
Keeping	– Silver plate 위에 와인병을 세우고 레이블은 고객이 볼 수 있도록 한다.
Refill	– 고객이 드시면 리필한다.

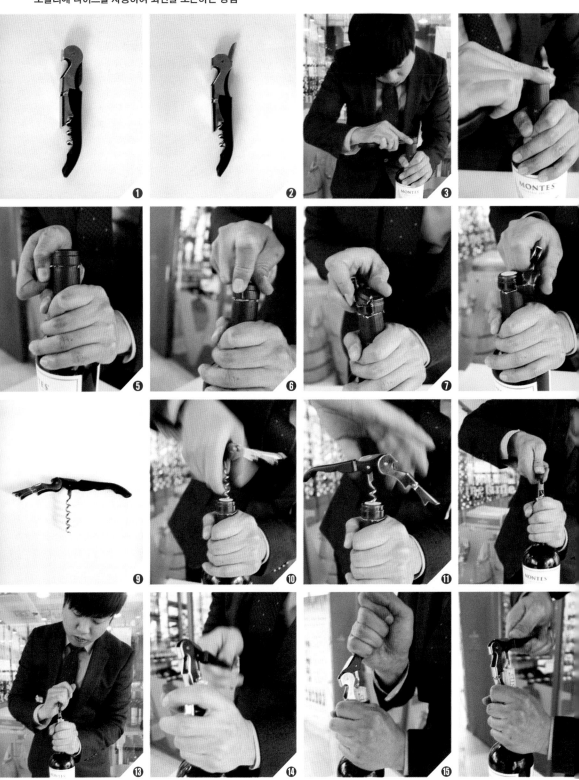

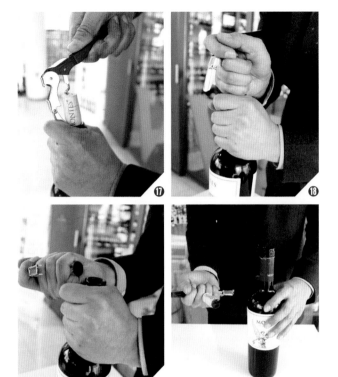

①~② 소믈리에 나이프를 준비한 후,
　　컷팅나이프 부분을 펼친다.

③~⑤ 병목의 캡슐 부분을 소믈리에 나이프를
　　이용하여 병 입구를 따라 2~3회 그어준다.

⑥~⑧ 컷팅나이프를 이용하여 세로로 다시
　　그어준 후, 절단된 호일을 컷팅나이프를
　　이용하여 제거하여 준다.

⑨ 소믈리에 나이프의 스크류 부분을 펼친다.

⑩~⑪ 스크류를 코르크에 직선으로
　　들어가도록 돌리면서 삽입한다. 만약
　　사선으로 스크류가 들어가면 코르크가
　　중간에 부러질 확률이 높다.

⑫~⑰ 스크류가 코르크에 끝까지 삽입되면,
　　레버를 병목에 걸고 스크류를 들어 올리면
　　코르크가 빠져 나온다(지렛대의 원리).

⑱ 코르크가 거의 빠져 나올 때가 되면 레버를
　　펴서 손으로 코르크를 잡고, 조심스럽게
　　돌려서 빼낸다(손으로 코르크를 빼야
　　소리가 거의 나지 않는다).

⑲~⑳ 코르크가 오픈된다.

펀트(punt)란?

펀트(punt)는 병 바닥에 움푹 들어간 부분을 말한다. 샴페인 혹은 스파클링 와인의 경우 병 내의 압력을 견뎌야 하기 때문에 펀트가 깊고 두껍다. 또한 펀트가 많이 들어갈수록 같은 용량이라도 커 보이는 이점도 있다. 그러나 펀트가 깊다고 해서 좋은 와인이란 말은 그저 속설일 뿐이다.

4. 디켄팅(Decanting)

　디켄팅(Decanting)은 와인을 디켄터(Decanter)에 옮겨 담는 과정을 말한다. 디켄팅을 하는 목적은 다음과 같이 두 가지가 있다.

- 오래된 와인의 침전물 제거를 위해서
- 숙성이 덜 된 영(young)한 와인의 환기(aeration)을 위해서

　목적에 따라 디켄팅 용기도 두 가지가 있다.

　첫째, 오래된 와인의 경우 와인을 디켄팅하는 동시에 탄닌이 너무 부드러워지기 때문에 되도록 산소와 만나는 면적이 작은 디켄터에 해야 한다.

　둘째, 영(young)한 와인의 경우 산소와 만나는 면적을 최대한으로 하여 와인을 부드럽게 해야 한다.

디켄터의 종류

①번 오래된 와인 디켄팅하는 디켄터
②번 영(young)한 와인 디켄팅하는 디켄터

1. 소믈리에의 역할에 대해 설명하시오.

2. 와인 보관 조건은 무엇인가?

3. 디켄팅의 목적에 대해 설명하시오.

PART

VII

와인
마리아쥬

19. 와인 마리아쥬

와인 마리아쥬
wine

I. 와인과 건강

와인은 인류에게 있어서 가장 오래된 약이다. 의학의 아버지 히포크라테스(BC 460~BC 377)는 와인에 대해 연구한 후 와인에 여러 향료를 섞어 소화 장애, 두통, 신경통 등의 질병 치료제로 사용하였다. 또한 율리우스 카이사르는 자신의 군인들에게 매일 1리터의 와인을 마시게 하고

와인과 음식은 서로
상호보완의 관계이다.

전쟁 중에는 매일 2리터의 와인을 마시게 했다는 기록이 있다. 이는 군인들의 장질환을 예방하기 위해서였는데, 그 결과 율리우스 카이사르의 군인들은 그 시대에 유행하는 장티푸스나 이질, 콜레라 등의 전염병을 피해갈 수 있었다고 한다. 이처럼 적정량의 와인은 건강에 여러 가지로 도움을 주는 음료라고 할 수 있다.

따라서 건강에 도움을 주는 와인을 제대로 즐기기 위해서는 와인 마리아쥬라고 일컫는 와인과 음식의 궁합이 매우 중요하다.

2. 와인과 음식의 기본 조합

와인과 음식의 궁합조건은 절대적인 것은 아니다. 또한 가정에서 식사할 때에는 한 가지 종류의 와인을 마시는 경우가 많지만, 접대 혹은 모임에서 식사할 때에는 모임의 성격은 물론, 음식의 내용에 따라 와인의 종류도 달라지게 된다.

① 와인과 음식 마리아쥬의 유의사항
와인과 음식 마리아쥬에는 다음과 같이 여러 가지 고려사항이 있다.
가벼운 요리에는 가벼운 와인

- 무거운 요리에는 무거운 와인
- 와인을 사용한 요리에는 그와 같은 와인 혹은 같은 계통의 와인
  (와인삼겹살을 준비한다면, 똑같은 와인 2병으로 1병은 삼겹살을 재우고, 1병은 음식과 함께 마신다)
- 지역 요리에는 그 지역의 와인(파스타를 먹는다면, 이탈리아와인을 선택)

② 와인과 음식의 부적절한 마리아쥬
부적절하게 와인과 음식을 선택하게 된다면, 모임의 분위기는 물론 가장 중요한 음식의 맛을 망치게 될 수 있으므로 주의해야 한다.

- 어패류 혹은 갑각류와 풀바디의 레드와인: 레드와인의 탄닌이 어패류의 단백질과 만나 비린 맛을 강화시키므로 피해야 한다.
- 스테이크 등의 고기류에는 화이트와인: 묵직한 고기류는 가벼운 화이트와인을 감당할 수 없게 되어 음식과 와인이 조화를 이루지 못하게 된다.
- 디저트류와 스파이시(Spicy)한 와인: 달콤한 음식이 스파이시한 와인은 전혀 조화를 이루지 못해 상극이 되어버린다. 이럴 때는 스파이시한 와인이 아니라 주정강화 와인이 더 잘 어울린다.

루아르의 Domaine de Saint Just에서 디저트로 딸기에 레드스파클링 와인을 부어 준비해 주었다. 딸기와 레드 파클링의 조화는 달콤함과 쌉쌀함의 경계를 넘나드는 새로운 경험이다.

③ 여러 종류의 와인을 즐기는 순서

- 가벼운(light) 와인 → 무거운(full) 와인
- 영(young) 와인 → 에이징(aging) 와인
- 스파이시(spicy) 와인 → 달콤한(sweet) 와인
- 보통 품질와인 → 퀄리티 와인
- 화이트와인 → 레드와인

＊귀부와인 등의 스위트와인(Sweet Wine)은 보통 레드와인 후가 좋다.

3. 와인 마리아쥬

와인과 음식의 마리아쥬는 정답은 없다. 하지만, 와인의 특성과 음식의 재료특징을 알고 마신다면 환상의 마리아쥬를 경험할 수 있게 될 것이다.

와인과 음식의 마리아쥬를 추천할 때 첫째, 신토불이의 원칙(이탈리아요

리 → 이탈리아와인, 프랑스요리 → 프랑스와인), 둘째, 와인의 당도, 셋째, 와인의 산미, 넷째, 식자재의 성질을 고려하여 와인을 선택하는 것이 좋다.

① 전채요리와 샐러드
- 샐러드에는 굳이 와인을 선택하지 않아도 된다.
- 만약 전채요리에도 와인을 선택하고 싶다면, 가벼운 스타일 혹은 로제와인이 적당하다.

② 고기류
- 붉은색의 고기(소고기, 양고기 등)에는 드라이한 레드와인이 어울린다.
- 가금류(닭고기, 오리고기 등) 및 흰색 육류(돼지고기, 송아지고기)에는 요리 후의 색깔이 거의 흰색에 가깝다. 이런 경우에는 화이트와인도 어울린다.

③ 생선류
- 일반적으로 생선에는 화이트와인이 어울린다.
- 참치 혹은 연어처럼 붉은색 생선은 기름기가 많으므로 산도가 높은 레드와인도 훌륭한 조화를 보여준다(남아공의 피노따쥬).

④ 디저트
- 달콤한 디저트류에는 이와 비슷한 디저트와인(소떼른, 포트, 아이스바인)이 잘 어울린다(유유상종이라고 할까?).

○ 음식의 종류에 따른 와인 선택의 예

자극적인 **한식**	과일맛이 강한 와인 리슬링, 게뷔르츠트라미너, 피노 누아
향신료가 풍부한 **중식**	탕수육: 달콤한 스파클링 깐풍기, 고추잡채: 과실향 풍부한 와인 　　　　　　　　　로제와인, 신세계 까베르네 소비뇽
깔끔한 **일식**	섬세하고 깔끔한 미감: 샤도네이, 소비뇽 블랑 지방함량 많은 회: 피노따쥬
다양한 **양식**	파스타: 끼안티 스테이크: 탄닌 풍부한 까베르네 소비뇽

4. 치즈와 와인

1) 치즈의 역사

치즈가 언제 어디에서 만들어졌는지는 아무도 모른다. 다른 무수한 발명품들처럼 치즈 메이킹 역시 우연히 어떠한 공동체에서 발견되었으리라 추측한다. 12,000년 전쯤, 양을 가축 농사의 주를 이루었으며, 고대 이집트에서도 젖소가 길러졌음을 문헌을 통해 알 수 있다. 그러한 이유로, 아마도 방목되었던 가축으로부터 우유를 얻었고, 치즈 또한 그의 부산물로 추정된다. 그 당시에 우유를 보관하였던 용기들이 동물의 가죽이나 나무통, 깨끗하지 못한 토기 등이어서 새로 짠 우유들은 상당히 빠른 시간 내에 시큼해지면서 부패하였다. 그래서 사람들은 다음 단계로 아주 간단한 생 치즈를 만들기 위해 curd(응고한 덩어리)로부터 위에 떠 있는 whey(유장 : 치즈를 만들 때 우유가 응고한 뒤 분리되는 액체)를 분리했다.

이 당시의 초기 치즈들은 rennet(응유 : 치즈제조용)을 사용하지 않았으므로 상당히 산도가 높고 톡 쏘는 시큼한 맛이 강했다. 시큼한 맛을 제거하기 위해 rennet을 사용하는 것은 치즈 메이킹에 있어 가장 큰 발전 단계였다.

중세기 후반부터 19세기 말까지 유럽 여러 나라의 치즈 메이킹은 발전이 되어왔고 또한 독특한 분야로 구분되기 시작했다. 예를 들면 산악지대인 스위스와 언덕과 계곡이 많은 영국은 하드 치즈가 발달이 되어왔고, 그와 반대로 프랑스와 이탈리아 같은 지역은 소프트 치즈가 더욱 발달이 되었다.

특히 치즈는 경제적으로 부유한 도시 인구가 늘어가면서 무역 또한 활발히 이루어졌고, 국제적인 무역 또한 활발해지기 시작했다. 특히, 식민지를 통해 치즈 메이킹이 신세계에 급속도로 번져나갔다. 그러는 가운데, 프랑스의 미생물학자인 루이 파스퇴르(Louis Pasteur)가 살균방식을 발명함으로써 1850년 전까지만 해도 살균 소독되지 않은 우유로 만들어졌던 치즈 메이킹의 가장 큰 변화가 일어났다. 살균되지 않은 우유는 미생물들을 함유하고 있기 때문에 치즈 생산자가 아주 조심하지 않으면, 금방 치즈가 상할 뿐만 아니라, 그 치즈를 먹은 이들이 식중독을 일으키게 되는 경우가 많다. 그러한 이유로, 치즈 메이킹은 항상 까다로운 노고가 따랐었다.

파스퇴르에 의하여 치즈의 생산은 양적으로나 질적으로나 월등한 향상을 이루었다. 각각 다른 지역과 다른 종의 우유를 섞는 일도 흔해졌으며 다양한 스타일의 치즈를 훨씬 수월하게 만드는 계기가 되었다. 최근의 100년 동안, 이러한 기술 과학적인 발전에 힘입어, 커다란 치즈 공장들이 많이 생겨났으며 작은 규모의 전통을 중시한 생산자들을 앞서가기 시작했다. 그러나 지금도 자긍심을 가지고 전통적인 방법으로 독특하고 좋은 품질의 치즈를 만드는 곳도 많다.

2) 치즈와 와인

치즈와 와인은 역사적으로나 만드는 방법으로나 너무나 유사해서 가장 좋은 음식의 동반자라고도 한다. 와인과 음식의 궁합이 있듯이, 치즈와 와인도 궁합이 있지만 전 세계인이 가장 선호하는 방법은 자신이 가장 좋아하는 와인과 치즈를 함께 먹는 것이다.

오래 전부터 레드와인은 치즈의 가장 좋은 파트너라고 여겨왔으나, 화이트와인이나 디저트 와인들이 훨씬 더 좋은 궁합을 이룬다.

첫 번째 마리아쥬 방법은, 성격이 같은 치즈와 와인을 고르는 것이다.

예를 들면, 보졸레(Beaujolais)와 같은 어린(fresh) 와인은 그와 비슷한 성격인 페코리노(pecorino), 프레스코(fresco), 바농(banon)과 같은 young, fresh cheese와 잘 어울린다. 그와 반대로 바롤로(Barolo)와 같이 숙성된 와인은 aged provolone 치즈같이 숙성된 치즈가 좋다. 향이 가득하고 풀바디의 와인인 리오하(Rioja)나 호주의 쉬라즈는 마흐왈(maroilles), 가페롱(gaperon), 까브랄레스(cabrales) 같은 강한 치즈와 궁합이 맞는다. 와인의 산도와 탄닌 성분은 치즈 선별 방법을 결정짓는다. 산도가 높거나 탄닌이 있는 와인들은 크리미(creamy)한 치즈와 어울린다.

같은 지역에서 나는 치즈와 와인을 매칭시키는 것이 두 번째 방법인데, 이것은 오랜 세월을 두고 그 지역에서 계속 즐겨왔다는 이유로 일반화된 사례이다. 예를 들면 루아르 계곡의 염소 치즈들은 화이트와인인 상세르(Sancerre)와 잘 맞는다. 알자스 지역의 뮌스테르 치즈(Munster cheese)는 게뷔르츠트라미너와 콤비를 이룬다. 특히 달콤한 화이트와인은 블루 치즈(blue cheese)와 궁합이 맞는데 이것 또한 프랑스에서 로크포르 치즈(Roquefort cheese)와 소떼른 와인을 즐겨 먹어왔고, 포트와인과 스틸톤 치즈(stilton cheese)를 즐겨 먹어왔던 전통에서 온 방법이다.

다음은 치즈의 종류와 와인과의 궁합이다.

① 카망베르(Camembert)

와인과 치즈의 조화로운 맛을 아는 많은 사람들이 가장 보편적으로 즐기는 치즈이다. 프랑스 노르망디 지방의 카망베르 마을에서 시작되어 현재는 많은 나라에서 같은 이름으로 만들고 있다. 까베르네 소비뇽의 레드나 슈냉 블랑 품종의 화이트와인과 잘 어울린다.

② 에멘탈(Emmental)

아이보리 색상에 군데군데 구멍이 뚫려 있으며(‘톰과 제리’에서 제리가 열광하던 치즈) 땅콩과 같은 고소한 향이 나는 치즈이다.

에멘탈은 미디엄 소프트와 하드의 중간쯤 속하는 치즈로 전통적인 방식으로 만든다. 대부분 레드와인과 어울리며 부르고뉴 지역의 피노 누아 또는 호주산 쉬라즈 품종과 다소 스파이시한 맛과도 조화를 이룬다.

③ 고다(Gouda)

네덜란드가 원산지이며 수분함량이 적은 세미하드 타입의 치즈이다. 대표적인 젖산균 숙성 치즈로서 원판 모양으로 만들어진 생치즈에 파라핀을 입혀 적정온도에서 약 4개월간 숙성하여 만든다. 숙성기간에 따라 염도가 높은 종류도 있으나, 일반적으로 숙성이 오래되지 않은 경우라면 크림처럼 부드러우면서 버터 같은 미를 느낄 수 있다.

과실향이 가볍게 나는 화이트와인이나 레드와인과 잘 어울린다.

④ 고트(Goat)

소프트한 상태의 치즈로, 염소의 젖을 이용해 만든 치즈이다. 가볍고 깔끔하며 향기로운 드라이 와인 종류와 훌륭한 조화를 이룬다.

⑤ 파르미자노 레지아노(Parmigiano Reggiano)

피자나 파스타, 샐러드 등에 자주 사용되는 친숙한 치즈로 흔히 파르메산이라고 불리는 치즈이다. 파르메산은 세계인이 가장 즐겨먹는 치즈 중의 하나로 소젖을 이용해 만든 이탈리아산 하드치즈를 말한다. 대부분의 와인과 잘 어울리며 샤르도네나 메를로, 쉬라즈, 진판델 품종과도 잘 어울린다.

1. 여러 종류의 와인을 마신다면, 와인을 즐기는 순서에 대해 설명하시오.

2. 와인 마리아쥬란 무엇인가?

3. 와인 마리아쥬에서 유의해야 할 사항에는 어떤 것이 있는가?

4. 소떼른 지역에서 생산된 와인처럼 달콤한 와인은 어떤 치즈와 잘
   어울리는가?

5. 보졸레 와인은 어떤 치즈와 어울리는가?

부록

2015년 1월 소믈리에 자격검정
정기시험 필기문제

2016년 5월 소믈리에 자격검정
정기시험 필기문제

와인 용어

Ⅰ. 다음 문제를 읽고 ○ 또는 ×로 답하시오(○× 유형: 배점 1점 / 총 20점).

01. 탄닌(Tannin)은 입안을 떫게(Dry) 만들어 주는 요소이다. (　　　　)

02. 뷔페 음식에 어울리는 와인은 로제와인이다. (　　　　)

03. 샴페인의 종류 중 '블랑 드 블랑(Blanc de Blanc)'은 샤르도네와 피노누아를 블렌딩하여 만든 것이다. (　　　　)

04. 호주와인의 50% 이상을 차지하고 종이팩 와인을 많이 생산하는 지역은 사우스 오스트레일리아이다. (　　　　)

05. 아르헨티나의 레드와인을 만드는 대표품종은 토론테스이다. (　　　　)

06. 칠레는 그 지역의 포도를 90% 이상 사용해야 그 지역의 원산지명칭을 사용할 수 있다. (　　　　)

07. 소비뇽 블랑으로 유명한 말보로 지역이 있는 나라는 뉴질랜드이다.
(　　　　)

08. 귀부포도의 순수한 포도즙으로만 만든 와인으로 독일 최고의 귀부와인은 토카이 아수이다. (　　　　)

09. 푸르민트(Furmint)는 헝가리의 토카이를 만드는 대표적인 화이트 품종이다. (   )

10. 역사적으로 포도 묘목을 재배하고 와인을 양조한 최초의 사람들은 고대 그리스인들이다. (   )

11. 일조량이 적으면 당도가 떨어지고 산도가 높아진다. (   )

12. 세미용(Semillon) 품종의 주원산지는 호주, 남아프리카공화국, 프랑스의 보르도를 포함한 남서부지역이다. (   )

13. 프랑스 보르도 지방의 토양은 크게 무게감있고 섬세함이 덜한 와인을 만드는 두꺼운 점토와 가벼운 와인을 생산해 내는 석회질 토양, 그리고 더욱 섬세하고 균형과 바디가 있는 와인을 생산하는 자갈토양이 대표적이다. (   )

14. 오레곤은 저가의 피노누아를 생산하는 산지이다. (   )

15. 슈페트레제(Spaetlese)는 늦은 수확을 의미하는 말로서 예전에는 공식적인 수확 시작이 있은 후 최소 일주일 후에 수확한 포도로 만든 것을 의미한다. (   )

16. Surlie의 lie는 포도의 상태를 의미한다. (   )

17. 샴페인 양조법에서 찌꺼기 제거 후에 와인과, 사탕수수, 설탕을 섞은 것을 보충하는 작업을 도자쥬(Dosage)라고 한다. (   )

18. 포므롤에서 주로 재배되는 품종은 메를로(Merlot)이다. (   )

19. 오스트리아는 그뤼너 벨트리너(Gruner Veltliner)를 화이트 대표 품종으로 가장 많이 생산한다. (   )

20. 독일의 프레디카츠바인(Pradikatswein) 등급 6개 중 아이스바인(Eiswein)의 과즙 당도가 가장 높다. (   )

Ⅱ. 다음 문제를 읽고 정답을 선택하시오(선택형: 배점 1점 / 총 40점).

01. 숙성된 레드와인을 테이스팅할 때 탄닌 맛은 어떠한가?
① 혀 양쪽 끝에 침이 고이기 시작한다.
② 입안이 타는 듯한 느낌을 전달한다.
③ 입안이 떫은 느낌을 전달한다.
④ 나무냄새가 난다.

02. 일반 와인 오픈시, 다음 중 가장 먼저 제거되어야 할 것은?
① 라벨(Label)　　　　　② 캡슐(Capsule)
③ 코르크(Cork)　　　　 ④ 와인(Wine)

03. 다음 중 차게하여(Chilled) 서빙되어야 할 와인은?
① 호주의 쉬라즈(Australian Shiraz)
② 보르도의 레드와인(Red Bordeaux)
③ 샤또네프 뒤파프(Chateauneuf-du-Pape)
④ 까바(Cava)

04. 다음 중 조개류의 음식과 가장 잘 조화를 이루는 와인으로 적합한 것은?
① 보르도의 레드와인(Red Bordeaux)
② 샤블리(Chablis)
③ 쏘떼른(Sauternes)
④ 샤또네프 뒤파프(Chateauneuf-du-Pape)

05. 기름진 생선과 함께 마실 와인으로 피해야 할 스타일은?
① 산도 높고 가벼운 드라이 화이트와인
② 가볍고 과실향이 강한 스파클링 와인
③ 산도 높고 가벼운 타닌의 레드와인
④ 무거운 타닌의 묵직한 레드와인

06. 플라보노이드계색소로 혈관에 침전물이 생기는 것을 막아 피를 맑게 하여 심장질환과 뇌졸중을 감소시키는 폴리페놀성분은 주로 포도의 어느 부위에 포함되어 있는가?
① 과육　　　　　　　② 씨
③ 껍질　　　　　　　④ 줄기

07. 다음은 디켄팅에 대한 설명이다. 잘못된 것은?

① 침전물을 걸러주기 위해 디켄팅을 실시한다.

② 고객이 원하면 해주되 고객이 원하지 않으면 하지 않는 것이 올바른 서비스이다.

③ 영와인은 디켄팅하지 않는 것이 좋으며, 올드 빈티지 와인일 경우 디캔팅하는 것이 좋다.

④ 레스토랑에서는 디켄팅으로 분위기를 고조시키며, 고객들에게 와인 전문성을 부각시키는 마케팅 도구이다.

08. 다음 중 귀부와인이 아닌 것은?

① 토카이 어쑤   ② 소테른

③ 슈페트레제   ④ 베렌아우스레제

09. 독일의 와인 등급 가운데 가장 낮은 등급은?

① 란트바인   ② QMP

③ Qba   ④ 타펠바인

10. 다음 중 얼린 포도로 스위트와인을 만드는 국가가 바르게 짝지워진 것은?

① 아르헨티나와 포르투갈   ② 캐나다와 독일

③ 이탈리아와 칠레   ④ 스페인과 호주

11. 다음 중 바르게 연결된 것을 고르시오.

① 부브레이와 이탈리아   ② 보졸레와 보르도

③ 뫼르소와 스페인   ④ 산지오베제와 키안티 클라시코

12. 스페인을 대표하는 품종은?

① 말벡   ② 템프라니요

③ 슈페트부르군더   ④ 카르미네르

13. 다음 중 스페인와인 등급이 아닌 것은?

① 디오시(D.O.C)

② 데노미나시옹데 오리젠(Denominacion de Origen)

③ 비노 데 라 티에라(Vino de la Tierra)

④ 비노 데 크리안사(Vino de Crianza)

14. 이탈리아에서는 1963년 프랑스의 A.O.C기준을 모방하여 원산지 등급에 관한 법을 제정하고 크게 4개의 등급으로 나누었다. 이 가운데 최고급 와인 등급인 D.O.C.G에 해당하는 것이 아닌 것은?

① 포도를 수확하기 전 와인 품질 등급 조사기관의 인증을 받아야 한다.
② 품질 확보를 위해 각 지역의 포도를 자유롭게 임의로 섞을 수 있다.
③ 최저 5년 이상 D.O.C를 유지한 생산자에게 자격이 주어진다.
④ 병목이나 입구에 납세필증을 붙여야 한다.

15. 카바(Cava)의 등급은?

① Vino de Mesa ② Vino de la Tierra
③ DOC ④ DO

16. 와인의 미각 테이스팅을 할 때, 와인이 입안에서 느껴지는 무게감을 나타내는 용어를 무엇이라고 하는가?

① 아로마(Aroma) ② 균형(Balance)
③ 바디(Body) ④ 뒷맛(Finish)

17. 와인의 역사적 사실에 관한 내용 중 틀린 것은 무엇인가?

① 17세기 말에 프랑스 상파뉴지방에서 샴페인과 유리병을 개발하였다.
② 17세기 유리병의 개발로 와인산업의 급진적 발전의 계기를 마련하였다.
③ 16세기 이후 유럽의 와인이 신세계 국가로 전파되었다.
④ 1860년대 프랑스 과학자 파스퇴르의 연구에 의해 와인 제조방법의 큰발전이 있었다.

18. 이탈리아와인 역사 중 틀린 것은 무엇인가?

① 1963년 와인관련 법규를 제정하였다.
② 이탈리아 포도품종은 약 500여 종이 넘을 정도로 다양하다.
③ 로마의 식민지로 포도재배면적이 넓어졌으며, 칼대제의 수도원 포도재배 장려정책으로 포도원이 크게 번창하였다.
④ 고대 로마시대 페니키아인의 포도재배기술이 이탈리아로 전파되었다.

19. 다음 중 양조용 포도에 대한 설명으로 적합하지 않은 것은?

① 양조용 포도는 알갱이가 작고 촘촘하며껍질이 얇은 것이 특징이다.
② 식용 포도에 비해 당도와 산도가 높다.
③ 식용 포도보다 천연 효모의 양이 많이 들어 있다.
④ 양조용 포도는 특정지역에서나 잘 자랄 수 있는 적응력이 있다.

20. 와인 종류 중에 알코올 도수를 임의로 높인 와인을 무엇이라 하는가?

① 스틸 와인　　　　　　　　　② 스파클링 와인

③ 주정강화 와인　　　　　　　④ 디저트 와인

21. 레드와인을 새 오크통에 숙성시키는 가장 큰 이유는 무엇인가?

① 와인의 복합적인 아로마와 부케를 통해 고급화하기 위해

② 신세대 소비자들의 입맛에 맞추기 위해

③ 와인의 결점들을 가리기 위한 오크향을 추가하기 위해

④ 와인의 산도를 낮추기 위해

22. 와인 양조시 와인의 맛과스타일을 결정하는 것은 다음 중 무엇인가?

① 떼루아　　　　　　　　　　② 포도품종

③ 발효조의 종류　　　　　　　④ 숙성기간

23. 다음 중 스파클링 화이트와인의 생산과정을 잘 나타낸 것은?

① 으깨기 – 발효 – 압착

② 으깨기 – 압착 – 발효

③ 발효 – 알코올 추가 – 솔레라 – 블렌딩

④ 발효 – 병에 담기 – 2차 발효 – 이스트 제거

24. 다음 중 화이트와인용 포도품종이 아닌 것은?

① 슈냉 블랑(Chenin Blanc)　　　② 샤르도네(Chardonnay)

③ 뮈스카델(Muscadelle)　　　　④ 돌체토(Dolcetto)

25. 다음 중 뉴질랜드 와인생산 지역이 아닌 것은?

① 오클랜드(Auckland)　　　　　② 말보로(Marlborough)

③ 호크스 베이(Hawkes Bay)　　④ 헌터 밸리(Hunter Valley)

26. 다음 중 레드와인용 포도품종이 아닌 것은?

① 카베르네 프랑(Cabernet Franc)　② 생소(Cinsaut)

③ 세미용(Semillon)　　　　　　④ 네비올로(Nebbiolo)

27. 역사적으로 우리나라에 처음 포도주가 소개된 것은 원나라 원제(元帝)가 고려시대 어느 왕에게 보내 주었는가?

① 충렬왕, 1285년 경　　　　　② 효종, 1653년 경

③ 인조, 1636년 경　　　　　　④ 충민왕, 1258년 경

28. 다음 중 카르미네르(Carmenere)가 가장 널리 이용되는 것은?

① 칠레의 레드와인　　　　　　② 이탈리아의 레드와인

③ 호주의 스위트스파클링, 레드와인　④ 포르투갈의 레드와인

29. 다음 중 칠레의 주요 와인 생산 지역에 속하지 않은 곳은 어디인가?

① 코큄보(Coquimbo) ② 아콩카구아(Aconcagua)
③ 센트럴밸리(Central Valley) ④ 산 후안(San Juan)

30. 국내에서 주로 재배되는 품종이 아닌 것은?

① 사이벨 ② 캠벨얼리
③ 거봉 ④ 진판델

31. 다음 중 쉬라즈(Shiraz) 프리미엄 와인으로 유명한 지역은?

① 쌍세르 ② 포므롤
③ 바로사밸리 ④ 바롤로

32. 다음 중 아르헨티나의 와인생산지역이 아닌 것은?

① 멘도자(Mendoza) ② 리오 그란 도술(Rio Grande dosul)
③ 산 후안(San Juan) ④ 라 리오하(La Rioja)

33. 다음 중 프랑스의 로마네 콩티를 만든 품종은 무엇인가?

① 피노 뫼니에 ② 피노 그리
③ 피노 누아 ④ 가메

34. 다음 중 소테른에서 생산되는 와인을 가장 정확하게 묘사하고 있는 테이스팅 노트는?

① 연한 금색, 이국적인 과실향, 스위트
② 보라색, 검은 과실향, 높은 타닌
③ 연한 석류색, 붉은 과실향, 낮은 타닌
④ 연한 레몬색, 녹색 과실향, 드라이

35. 다음 중 조개류의 음식과 가장 잘 조화를 이루는 와인으로 적합한 것은?

① 보르도의 레드와인(Red Bordeaux)
② 샤블리(Chablis)
③ 소테른(Sauternes)
④ 샤또네프 뒤파프(Chateauneuf du Pape)

36. 캘리포니아의 퓌메블랑 품종은?

① 슈냉 블랑 ② 비오니에
③ 소비뇽 블랑 ④ 그르나슈 블랑

37. 다음 중 아래 지도에 나타난 와인산지에 대한 설명으로 틀린 것은?

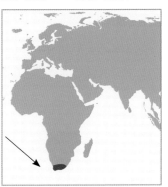

① 현대적인 와인생산방법으로 인해 기후의 영향보다는 기술력이 와인의 품질을 좌우한다.

② 몇 개의 화이트와인을 블렌딩한 'Classic Blended White' 와인을 생산한다.

③ 대체로 유럽와인보다 알코올 농도가 낮은 것이 특징이다.

④ 스위트와인을 만들기 위해서는 탱크를 냉각함으로써 낮은 온도에서 천천히 발효하여 2% 정도의 당도가 남아있을 때 발효를 중지시킨다.

38. 다음과 같은 샴페인 스타일 중 가장 스위트한 샴페인은 어떤 것인가?

① 브뤼(Brut)　　　　　　② 엑스트라 브뤼(Extra Brut)

③ 섹(Sec)　　　　　　　　④ 드미 섹(Demi Sec)

39. 지역명과 대표적인 포도 품종의 연결이 틀린 것은?

① 보르도 – 카베르네 소비뇽　　② 부르고뉴 – 피노 그리

③ 샤또네프 뒤 파프 – 그르나슈　④ 키안티 – 산지오베제

40. 다음 중 블랑 드 누아(Blanc de Noirs)가 뜻하는 것은?

① 피노누아 100%로 만든 샴페인

② 피노누아와 피노뫼니에 100%로 만든 샴페인

③ 샤르도네 100%로 만든 샴페인

④ 샤르도네와 피노그리 100%로 만든 샴페인

Ⅲ. 다음 문제를 읽고 정답을 답하시오(단답형: 배점 2점 / 총 40점).

01. 와인의 구조감을 형성하는 요소 중의 하나로서 입안을 드라이(Dry)하게 만들어 주는 성분은 무엇인가?

　(　　　　　　　　　　　　　　　　　　　　　　)

02. 나파와 소노마 지역을 포함하고 있으며 미국와인 생산량 90%이상을 생산하는 미국의 주는 어디인가?

　(　　　　　　　　　　　　　　　　　　　　　　)

03. 이 포도 품종은 껍질이 얇아 귀부병에 걸리기 쉬우며, 와인이 숙성됨에 따라 황색이 황금색으로 변하고, 귀부와인은 숙성됨과 동시에 갈색에 가까운 색을 갖는 품종으로 프랑스 보르도 소테른 지방에서는 쇼비뇽 블랑과 블랜딩하여 와인을 만든다. 이 포도 품종의 이름을 말하시오.

( )

04. 미국의 로버트 몬다비와 바롱 필립 드 로칠드가 합작하여 미국 캘리포니아 나파밸리에서 만든 와인으로 와인 레이블에는 두 회사의 주인공(로버트 몬다비와 필립 로칠드)의 옆모습을 형성화한 그림이 그려져 있다. 이 와인의 이름은?

( )

05. 부르고뉴 최고 포도밭에서 만들어지는 와인의 라벨에는 어떤 용어가 표기되는가?

( )

06. 오크통에 사용되는 나무는 어떤 종류인가?

( )

07. 프랑스 에르미타쥬(Hermitage)와인에 사용되는 포도품종은 무엇인가?

( )

08. 이 지역은 지명자체가 '자갈'이라는 뜻으로 자갈이 많아 배수성이 뛰어난 토양을 가진 곳이다. 보르도에서 유일하게 레드와인과 화이트 와인 모두를 생산하는 곳으로 유명하다. 이 지역의 이름을 쓰시오.

( )

09. 포도나무 재배에 있어서 치명적인 병충해이며 오늘날 포도재배에서 접붙이기의 원인을 제공한 것은 무엇인가?

( )

10. 레드와인의 제조과정 중 ( )을 채우시오.

> 포도 수확 → 발효 → ( ) → 숙성

( )

11. 아르헨티나 레드와인을 만드는 대표품종은 무엇인가?

( )

12. 보르도에서 카베르네 소비뇽과 블렌딩되는 대표포도품종은 무엇인가?

( )

13. 와인을 저장관리하고, 고객에게 와인을 추천 서비스하는 직업으로 와인 리스트 작성, 와인구입 등의 업무를 수행해야 하는 직업은?

( )

14. 남아프리카공화국의 피노타쥬는 2개의 품종을 교배하였다. 그 2개의 품종은 무엇인가?

( )

15. 스페인의 셰리(Sherry)를 숙성시키는 방법으로 여러 층으로 통을 쌓아 맨밑에서 와인을 따라내면 위에 있는 통에서 차례로 와인이 흘러내려 가도록 만들어 놓은 반자동 블렌딩 방법을 무엇이라 하는가?

( )

16. 피에몬테지역의 최고급 레드와인을 만드는 품종으로 바롤로, 바르바레스코 와인을 생산하는 품종은?

( )

17. 독일에서 생산되는 최고의 화이트 와인용 품종으로 사과, 복숭아, 등의 과실향과 꽃향을 내는 품종은?

( )

18. 이탈리아 투스카니 지방에서 생산되는 D.O.C.G급 와인으로서 키안티 와인보다 한단계 위의 와인을 무엇이라 부르는가?

( )

19. 1850년경에 캘리포니아에 소개되어 현재 가장 많이 재배되고 있는 적포도 품종으로 원산지가 이탈리아의 풀리아(Puglia)로 알려진 포도 품종은?

( )

20. 상파뉴지역 제조방법으로 병을 돌려서 받침대에 놓여 있는 병목 쪽으로 침전물을 모으는 작업을 무엇이라 하는가?

( )

Ⅰ. OX 문제(1점 / 총 20점)

문제	O	×	문제	O	×	문제	O	×
1	√		8		√	15	√	
2	√		9	√		16		√
3		√	10	√		17	√	
4	√		11	√		18	√	
5		√	12	√		19	√	
6		√	13	√		20		√
7	√		14		√			

Ⅱ. 선택형 문제(1점 / 총 40점)

문제	①	②	③	④	문제	①	②	③	④	문제	①	②	③	④	문제	①	②	③	④
1			√		11				√	21	√				31			√	
2		√			12		√			22		√			32		√		
3				√	13				√	23				√	33			√	
4		√			14		√			24				√	34	√			
5				√	15				√	25				√	35		√		
6			√		16			√		26			√		36			√	
7			√		17	√				27	√				37			√	
8			√		18				√	28	√				38				√
9			√		19	√				29				√	39		√		
10	√				20				√	30				√	40			√	

Ⅲ. 단답형 문제(2점 / 총 40점)

문제	정답	문제	정답
1	타닌(Tannin)	11	말벡(Malbec)
2	캘리포니아(California)	12	메를로(Merlot)
3	세미용(Semillon)	13	소믈리에
4	오퍼스 원(Opus One)	14	피노누아, 생소
5	그랑 크뤼(Grand Cru)	15	솔레라 시스템(Solera System)
6	참나무	16	네비올로(Nebbiolo)
7	시라(Syrah)	17	리슬링(Riesling)
8	그라브(Grave)	18	키안티 클라시코(Chianti Classico)
9	필록세라	19	진판델(Zinfandel)
10	압착	20	르뮈아쥬(Remuage)

Ⅰ. 다음 문제를 읽고 ○ 또는 ×로 답하시오(○× 유형: 배점 1점 / 총 20점).

01. 와인의 타닌과 페놀 성분은 콜레스테롤을 억제해 심장질환 발병의 위험을 줄여준다. (   )

02. 레드 와인보다 화이트 와인에 폴리페놀 성분이 더 많다. (   )

03. 프랑스 정부가 샤토 무통 로칠드(Château Mouton Rothschild)를 특1등급으로 승격시킨 해는 1973년이다. (   )

04. 매장에서 와인을 사기 전, 이상유무를 알아보려면 흔들지 말고 병목의 캡슐을 돌려서 쉽게 돌아가는 와인을 선택하면 된다. (   )

05. 빈티지 와인에서 침전물을 제거하기 위해 와인을 병에서 유리병으로 옮겨 따르는 과정을 디캔팅(Decanting)이라고 한다. (   )

06. 아로마(Aroma)는 와인에서 맡을 수 있는 2차적이고 복합적인 향기이다. (   )

07. 기원전 1700년경 바빌론 왕조의 함무라비 법전에는 "술버릇이 나쁜 자에게는 와인을 팔지 마라"는 와인 상인에 관한 규정이 기록되어 있다. (   )

08. 레드와인의 포도품종으로 가장 널리 알려져 있으며, 프랑스 보르도에서 많이 재배되며 타닌이 강하고 색이 진하며 장기 숙성 보관이 가능한 품종은 카베르네 소비뇽(Cabernet Sauvignon)이다. (   )

09. 이탈리아산 약 발포성 와인으로 2.5 기압 이하인 와인을 스푸만테(Spumante)라 부른다. (   )

10. 샴페인 제조과정 중 병속에서 2차 발효가 끝난 후 효모의 찌꺼기를 쌓이게 하기 위해 병을 거꾸로 세워 여러 번 돌리는 과정을 데고르주망(Dégorgement) 이라고 한다. (   )

11. 나파 밸리(Napa Valley), 소노마 밸리(Sonoma Valley), 러시안 리버 밸리(Russian River Valley) 등이 있는 미국의 와인 생산 지역은 오리건(Oregon) 지역이다. (   )

12. 헌터 밸리(Hunter Valley)는 뉴 사우스 웰즈(New South Wales)에 속해 있다. (   )

13. 칠레는 아메리카에서 발생하여 유럽 전 지역을 덮쳤던 필록세라의 피해를 부분적으로 입었다. (   )

14. 칠레의 센트럴 밸리(Central Valley) 내 가장 오래된 와인 생산지로, 수도 산티아고가 위치하고 있는 마이포 밸리(Maipo Valley)에서는 주로 토착 품종으로 와인을 만들어낸다. (   )

15. 좋은 와인 글라스는 민무늬로 투명해야 하며, 얇은 것이 좋고, 가벼워야 한다. (   )

16. 소믈리에는 '목부나 목동, 소를 이용하여 식음료를 나르는 마부, 혹은 동물들에게 짐을 지우는 사람'이라는 뜻에서 유래하였다. (   )

17. 영(Young) 와인을 디캔팅하면 거칠고 정돈되지 않은 맛을 부드럽게 해주기 때문에 반드시 디캔팅 하는 것이 좋다. (   )

18. 뉴질랜드의 북섬은 건조한 기후를 가지고 있으며, 남섬은 해양성 기후로 습하다. (   )

19. 뉴질랜드의 기후는 호주나 캘리포니아보다 춥고 습하며, 소비뇽 블랑 (Sauvignon Blanc), 리슬링(Riesling)과 같은 신선한 화이트 와인과 피노 누아(Pinot Noir)로 만든 레드와인 등을 생산한다. (   )

20. 2008년 북경 올림픽 공식와인으로 지정된 와인은 연태 지역의 다이너스 티(Dynasty)와인이다. (   )

Ⅱ. 다음 문제를 읽고 정답을 선택하시오(선택형: 배점 1점 / 총 40점).

01. 필록세라의 영향을 받지 않았으며, 19세기 중반 프랑스 양조업자들이 이 주하여 근대적인 스페인 와인을 양조한 지역명은 무엇인가?

    ① 카탈로니아(Catalonia)　　　② 리베라 델 두에로(Ribera Del Duero)

    ③ 바르셀로나(Barcelona)　　　④ 리오하(Rioja)

02. 쉐리(Sherry) 와인을 만드는데 사용하는 포도가 아닌 것은?

    ① 모스카텔 피노(Moscatel Fino)　　　② 피노타지(Pinotage)

    ③ 페드로 히메네스(Pedro Ximmenez)　　④ 팔로미노(Palomino)

03. 다음 중 스페인 와인 등급의 설명이 틀린 것은 무엇인가?

    ① 그란 레세르바(Gran Reserva)는 오크숙성 2년과 병입숙성 3년 이상을 뜻한다.

    ② 레세르바 에스페셜(Reserva Especial)은 오크숙성 2년과 병입숙성 2년을 뜻한다.

    ③ 레세르바(Reserva)는 오크숙성 1년과 병입숙성 1.5년을 뜻한다.

    ④ 호벤(Joven)은 1년 이내 숙성을 뜻한다.

04. 헝가리 북쪽 토카이 지역에서 생산하는 토카이 스페셜 퀄리티에 대한 설명 중 틀린 것은?

    ① 병의 용량은 750ml이다.

    ② 푸르민트(Furmint) 포도품종이 사용된다.

    ③ 하르슐레벨루(Harslevelu) 포도품종이 사용된다.

    ④ 귀부병에 걸린 포도를 양조한다.

05. 오스트리아(Austria)의 최대 와인 생산지로 북동부 다뉴브 강에 위치하며 주로 화이트 와인용 포도품종인 그뤼너 펠트리너(Grüner Veltliner)와 벨 슈 리슬링(Welch Riesling)을 재배하는 지역명은 무엇인가?

    ① 부르젠란트(Burgenland)　　　② 니더외스터라이히(Niederösterreich)

    ③ 슈타이어마르크(Steiermark)　④ 비엔나(Vienna)

06. 포도재배 최적지의 조건이 아닌 것은?

① 일조량 – 1,250~1,500시간
② 강우량 – 500~800mm
③ 연평균 기온 – 10~20℃
④ 위도 – 40~60°

07. 포르투갈의 유명한 주정강화 와인으로 1800년대 영국 상인들이 장시간의 운반 과정 중 와인의 변질을 방지하기 위해 알코올 첨가하면서 생겨난 와인은 무엇인가?

① 마테우스(Mateus)
② 토카이(Tokaji)
③ 쏘테른(Sauternes)
④ 포트(Port)

08. 포르투갈 북부 도우로 계곡에서 생산되는 대표적 주정강화 와인에 대한 설명 중 틀린 것은 무엇인가?

① 루비(Ruby) 스타일과 타우니(Tawny) 스타일로 구분된다.
② 양조 중 높은 도수의 알코올이 첨가된다.
③ 드라이 와인 스타일로 양조된다.
④ 스위트 와인 스타일로 양조된다.

09. 다음 중 명사들의 와인으로 잘못된 것은 무엇인가?

① 샹베르탱(Chambertin) – 나폴레옹
② BV센트리 셀라 – 루즈벨트 대통령
③ 베르멘티노(Vermentino) – 미켈란젤로
④ 르 팽(Le Pin) – 재클린여사

10. 다음 중 와인 용어 풀이가 잘못된 것은 무엇인가?

① 뀌브(Cuve) – 발효용 탱크
② 데뷔따주(Debuttage) – 서리방지를 위해 덮었던 흙을 제거하는 것
③ 리슈(Riche) – 드라이한 스파클링 와인을 칭하는 프랑스어
④ 보데가(Bodegas) – 스페인어로 와이너리

11. 다음 중 피에몬트(Piemonte) 지역의 DOCG가 아닌 것은 무엇인가?

① 가티나라(Gattinara)
② 겜메(Ghemme)
③ 카르미냐노 로소(Carmignano Rosso)
④ 코르테제 디 가비(Cortese di Gavi)

12. 마르살라(Marsala) 와인의 숙성 정도에 따른 종류가 아닌 것은?

① 갈레스트로(Galestro)
② 파인(Fine)
③ 수페리어 드라이(Superior Dry)
④ 솔레라스(Soleras)

13. 다음 중 키안티(Chianti)의 생산자가 아닌 것은 무엇인가?

① 안티노리(Aantinori)   ② 안젤로 가야(Angelo Gaja)

③ 카스텔로 반피(Castello Banfi)   ④ 비온디 산티(Biondi Santi)

14. 이탈리아 투스카니(Tuscany) 지역을 대표하는 와인으로, 고대부터 와인을 생산해 왔으며 주 품종으로 산지오베제(Sangiovese)를 사용하며 와인병을 보호하기 위해 밀짚으로 만든 피아스코로 잘 알려진 와인은?

① 키안티(Chianti)   ② 바롤로(Barolo)

③ 발폴리첼라(Valpolicella)   ④ 겜메(Ghemme)

15. 말바지아, 트레비아노 포도를 건조시켜 발효 숙성시켜 생산하는 와인으로 'Holy Wine'이라는 의미를 가지고 있는 와인은 무엇인가?

① 비노 로쏘(Vino Rosso)   ② 빈 산토(Vin Santo)

③ 비노 로사토(Vino Rosato)   ④ 비노 리코로소(Vino Liquoroso)

16. 립프라우밀히(Liebfraumilch)라 불리는 헤센(Hessen) 와인의 포도품종이 아닌 것은 무엇인가?

① 리슬링(Riesling)   ② 실바너(Sylvaner)

③ 샤르도네(Chardonnay)   ④ 뮬러 트라가우(Müller-Thurgau)

17. 11개의 와인 산지를 가진 독일은 5개 지역만이 명성을 얻고 있는데 해당 지역이 아닌 것은 무엇인가?

① 라인팔츠(Rheinpfalz)   ② 나헤(Nahe)

③ 라인헤센(Rheinhessen)   ④ 바덴(Baden)

18. 다음 중 칠레의 유명 와이너리가 아닌 것은 무엇인가?

① 몬테스(Montes)   ② 토레스(Torres)

③ 콘차 이 토로(Concha Y Toro)   ④ 카사 라포스톨(Casa Lapostolle)

19. 매년 유명한 화가의 그림을 와인 라벨 디자인으로 채택하여 그 예술적 가치를 인정받는 와인은 무엇인가?

① 샤토 무통 로칠드(Château Mouton Rothschild)

② 샤토 라피트 로칠드(Château Lafite Rothschild)

③ 오퍼스 원(Opus One)

④ 로버트 몬다비(Robert Mondavi)

20. 다음 중 와인 주요생산지역과 대표 포도품종이 잘못 짝지어진 것은?

① 투스카니 – 산지오베제(Sangiovese)

② 아르헨티나 – 말벡(Malbec)

③ 뉴질랜드 – 소비뇽 블랑(Sauvignon Blanc)

④ 한국 – 고슈(Koshu)

21. 전 세계에서 가장 많은 사랑을 받는 화이트와인의 대표 품종으로, 최고의 와인인 '르 몽라셰(Le Montrachet)'를 만드는 품종은 무엇인가?

① 소비뇽 블랑(Sauvignon Blanc)　② 샤르도네(Chardonnay)

③ 세미용(Semillon)　④ 뮐러 투르가우(Müller Thurgau)

22. 최고의 걸작품으로 불리는 와인의 명품 '로마네 콩티(Romanée Conti)'는 어떠한 품종으로 만드는가?

① 피노누아(Pinot Noir)　② 메를로(Merlot)

③ 시라(Syrah)　④ 카베르네 소비뇽(Cabernet Sauvignon)

23. 1983년에 미국의 와인 생산지를 규정하는 법으로 "미국포도재배지역"을 의미하는 용어는 무엇인가?

① AVA(American Viticultural Areas)

② AMA(American Meritage Areas)

③ AOC(Appellation d'Origine Controlée)

④ DOC(Denominacion d'Origine Controlée)

24. 다음 중 부르고뉴의 5대 네고시앙에 속하지 않는 것은?

① 루이 자도(Louis Jadot)　② 루이 라뚜르(Louis Latour)

③ 조셉 드뤼엥(Joseph Drouhin)　④ 이 기갈(E. Guigal)

25. 다음 중 오크통의 명칭과 용량이 잘못 짝지어진 것은?

① 바리크(Barrique) – 225L　② 피에스(Piéce) – 228L

③ 토노(Tonneau) – 900L　④ 살비오니(Salvioni) – 200L

26. 사우스 오스트레일리아(South Australia)에 위치한 유명 와인 산지로 애들레이드를 배후로 갖고 있는 지역은 어디인가?

① 야라 밸리(Yarra Valley)　② 헌터 밸리(Hunter Valley)

③ 바로사 밸리(Barossa Valley)　④ 태즈매니아(Tasmania)

27. 석판과 돌로 이뤄진 고지대로 낮에 열을 가뒀다가 밤동안 천천히 방출하는 특징을 가진 독일의 지역은 무엇인가?

① 모젤(Mosel)　　　　　　② 라인가우(Rheingau)

③ 라인헤센(Rheinhessen)　④ 나헤(Nahe)

28. 다음 중 늦수확 와인인 레이트 하비스트(Late Harvest)의 의미를 가진 것은 무엇인가?

① 카비네트(Kabinett)　　　② 슈페트레제(Spätlese)

③ 아우스레제(Auslese)　　　④ 베렌아우스레제(Beerenauslese)

29. 다음 중 좋은 포도밭의 조건이 아닌 것은?

① 적당한 경사의 포도밭　　　② 동·남향

③ 주변에 강이나 호수가 있는 포도밭　④ 높은 고도

30. 다음 중 화이트와인이 가장 오래 숙성되었을 때 나타나는 빛깔은?

① 호박색　　　　　　　② 황금색

③ 볏짚색　　　　　　　④ 엷은 노란색

31. 다음 중 1차 아로마에 해당되는 않는 것은?

① 레몬　　　　　　　② 아카시아

③ 체리　　　　　　　④ 바닐라

32. 다음 중 와인이 변질되었을 때 나타나는 향이 아닌 것은?

① 코르크 곰팡이 냄새　　② 유황 냄새

③ 썩은 달걀 냄새　　　　④ 야생 동물 냄새

33. 다음 중 코르크 스크류 사용법 중 옳지 않은 것은?

① 와인을 오픈 할 때는 병을 눕히거나 빙빙 돌리지 않는다.

② 코르크를 오픈하기 위해 코르크 스크류의 나선 모양을 세워서 삽입한다.

③ 코르크를 오픈하고 난 후 종이 냅킨이나 클로스 냅킨으로 병 입구를 반드시 닦는다.

④ 코르크는 냄새를 맡아보고 이상 유무를 확인한 후 작은 접시 위에 얹어서 호스트 앞에 놓는다.

34. 다음 중 와인과 어울리지 않는 음식이 아닌 것은?

① 고등어와 같은 기름진 생선　② 통조림 음식

③ 계란이 많이 들어간 요리　　④ 크림 성분이 많은 치즈

35. 다음 중 샤블리(Chablis) '그랑크뤼(Grand Cru)'급으로 불릴만한 포도원이 아닌 것은 무엇인가?

① 레세(Lechet)　　　　　　② 바이용(Vaillon)
③ 에페노(Épenots)　　　　　④ 몽멩(Montmains)

36. 샴페인의 주요 포도품종 3종이 아닌 것은 무엇인가?

① 샤르도네(Chardonnay)　　② 피노 누아(Pinot Noir)
③ 피노 뫼니에(Pinot Meunier)　④ 소비뇽 블랑(Sauvignon Blanc)

37. 다음 중 뉴질랜드의 와인 생산자는 무엇인가?

① 클라우디 베이(Cloudy Bay)　② 로버트 몬다비(Robert Mondavi)
③ 울프 블라스(Wolf Blass)　　④ 산타 리타(Snata Rita)

38. 다음 중 캐나다의 VQA(Vintners Quality Alliance)에 대한 설명 중 틀린 것은?

① 1988년 VQA로 원산지통제명칭제도를 도입하였다.
② 온타리오(Ontario) 주의 20여 개 와인 회사로 이루어진 협회에서 포도의 원산지, 품종, 당도 등을 규정하였다.
③ 포도원의 이름을 표기할 경우 85%가 해당 포도원에서 생산된 포도이어야 한다.
④ 지역을 표기할 경우 100%가 캐나다에서 생산된 포도이어야 한다.

39. 다음 중 남아프리카 공화국의 주요 와인 생산지는 무엇인가?

① 스텔렌보쉬(Stellenbosch)　② 라펠(Rapel)
③ 이타타(Itata)　　　　　　④ 마울레(Maule)

40. 다음 한국 와인 중 지역별 와이너리 명이 맞는 것은?

① 영동 – 샤토 마니　　　　② 무주 – 그랑 꼬또
③ 대부도 – 산머루 와인　　④ 영천 – 샤토 미소

Ⅲ. 다음 문제를 읽고 정답을 답하시오(단답형: 배점 2점 / 총 40점).

01. 토카이(Tokaji) 와인을 만들기 위해 수확한 포도를 으깨어 넣는 30L 짜리 통을 무엇이라고 부르는가?

(　　　　　　　　　　　　　　　　　　　　　　　　　)

02. 레드 와인 양조 과정에서 신맛 성분인 사과산이 부드러운 유산으로 발효되는 과정을 무엇이라 하는가?

( )

03. 미국에서 프랑스 보르도의 전통적인 양조 방법으로 포도 품종을 블랜딩하여 만든 레드 혹은 화이트와인을 무엇이라고 하는가?

( )

04. 펜폴즈(Penfolds)의 막스 슈베르트(Max Schubert)가 양조하여 각종 와인 대회에서 우승하며, 호주 문화유산으로 지정받은 이 와인의 이름은 무엇인가?

( )

05. 단순한 토양의 개념을 넘어 포도를 만들어내는 자연 환경, 토질, 일조량, 기후, 위치 등이 포함된 와인용어는 무엇인가?

( )

06. 루아르(Loire) 지역의 푸이퓌메(Pouilly Füme)와 상세르(Sancerre) AOC의 포도품종은 무엇인가?

( )

07. 샴페인 블랑 드 블랑(Blanc de Blancs)의 의미는 무엇인가?

( )

08. 늦가을에서 초겨울 새벽에 수확한 비달(Vidal)품종으로 만들어지는 캐나다를 대표하는 스위트 와인의 명칭은 무엇인가?

( )

09. 와인과 음식의 조화를 의미하며 프랑스어로 '결혼'의 의미를 지닌 용어는 무엇인가?

( )

10. 아르헨티나 중서부에 위치한 최대 와인 생산지로 말벡(Malbec)을 비롯한 다양한 품종으로 와인을 생산하며, 알타 비스타(Alta Vista), 클로테로스 시에테(Clos de Los Siete)와 같은 와이너리가 있는 곳은?

( )

11. 테이블와인을 말하는 독일어는 무엇인가?

    (   )

12. 이탈리아 와인의 등급 체계(제도)를 쓰시오.

    (   )

13. 보르도 메독지방의 1등급 와인을 모두 쓰시오.

    (   )

14. 프랑스 보르도 지방에서 생산된 스파클링 와인을 무엇이라 부르는가?

    (   )

15. 부르고뉴 코트 도르(Côte d' Or) 지역은 북쪽의 (   )와 남쪽의 (   )으로 나눠진다.

    (   )

16. 보르도 소테른(Sautérnes) 지역의 그랑 프리미에 크뤼(Grand Premier Cru) 와인은 무엇인가?

    (   )

17. 독일을 대표하는 품종으로, 싱싱한 과일의 풍미를 한껏 느낄 수 있는 우아한 맛을 내며 라인강, 모젤강 유역에서 많이 재배되는 화이트와인 품종은 무엇인가?

    (   )

18. 쉐리 와인을 만드는 방법으로, 오래 묵은 와인과 새로운 와인을 블렌딩하여 균일하고 특징있는 와인을 생산하기 위해 오크통을 층층이 쌓아 섞이게 하는 방법을 무엇이라 하는가?

    (   )

19. 1892년 인도네시아 계 중국인 장필사의 의해 설립된 근대 중국와인의 시초가 된 와이너리 명은?

    (   )

20. 일본 후지산의 고분 지역에 위치한 유명 와인 산지로, 산토리 와이너리가 위치하고 있으며, 품질 좋은 고슈 와인을 만드는 현(지역)은?

    (   )

모범답안

2016년 5월 소믈리에 자격검정 정기시험

I. OX 문제(1점 / 총 20점)

문제	O	×	문제	O	×	문제	O	×
1	√		8	√		15	√	
2		√	9		√	16	√	
3	√		10		√	17		√
4	√		11		√	18		√
5	√		12	√		19	√	
6		√	13		√	20		√
7	√		14		√			

II. 선택형 문제(1점 / 총 40점)

문제	①	②	③	④	문제	①	②	③	④	문제	①	②	③	④	문제	①	②	③	④
1				√	11			√		21		√			31				√
2		√			12	√				22	√				32				√
3			√		13		√			23	√				33		√		
4	√				14	√				24				√	34				√
5		√			15		√			25				√	35			√	
6			√		16			√		26			√		36				√
7			√		17				√	27	√				37	√			
8		√			18		√			28		√			38			√	
9			√		19	√				29				√	39	√			
10		√			20				√	30	√				40	√			

Ⅲ. 단답형 문제(2점 / 총 40점)

문제	정답	문제	정답
1	푸토뇨스(Puttonyos)	11	타펠바인(Tafelwein)
2	2차발효/ 감산발효/ 유산발효/ 말로라틱발효/ 젖산발효	12	DOCG – DOC – IGT – 'Vino Da Tavola'
3	메리티지(Meritage) 와인	13	샤토 라피트 로칠드(Château Lafite-Rothschild), 샤토 라투르(Château Latour), 샤토 무통 로칠드(Château Mouton-Rothschild), 샤토 마고(Château Margaux), 샤토 오브리옹(Château Haut-Brion) 5개(2점), 3개-4개(1점), 2개 이하(0점)
4	그랜지(Grange)	14	크레망(Crémant)
5	떼루아(Terroir)	15	코트 드 뉘(Côte de Nuits), 코트 드 본(Côte de Beaune) 2개(2점), 1개(1점)
6	Sauvignon Blanc	16	샤토 디켐(Château d' Ygaem)
7	샤르도네로 만든 샴페인	17	리슬링
8	아이스 와인(Ice Wine)	18	솔레라 시스템
9	마리아주	19	장유 와인 회사
10	멘도사(Mendoza)	20	야마나시

와인 용어
wine

I. 국가별 와인 용어

	영어	프랑스어	이탈리아어	스페인어
와인*	Wine(와인)	Vin(뱅)	Vino(비노)	Vino(비노)
생산연도	Vintage(빈티지)	Millesime(밀레짐)	Annata(아나타)	Vendimia(벤디미아)
와이너리	Winery(와이너리) Estate(에스테이트)	Adega(아데가) Chateau(샤또-보르도) Domaine(도멘-부르고뉴)	Cantina(칸티나)	Bodega(보데가)
포도품종	Variety(버라이어티)	Cépage(세빠쥬)	Vitigno(비띠뇨)	
포도밭	Vineyard(빈야드)	Monopole**(모노폴)		
색상-화이트	White(화이트)	Blanc(블랑)	Bianco(비앙코)	Blanco(블랑코)
색상-레드	Red(레드)	Rouge(루즈)	Rosso(로쏘)	Tinto(띤또)
색상-로제	Rose(로제)	Rosé(로제)	Rosato(로사토)	Rosado(로자도)
당도표시 (Sweet)	Sweet(스위트)	Doce(도체) Doux***(두)	Dolce(돌체)	Dulce(둘체)
당도표시(Dry)	Dry(드라이)	Brut***(브뤼)	Secco(쎄코)	Seco(세코)
스파클링 와인	Sparkling(스파클링)	Champagne***(샴페인) Crement(크레망) Mousseux(무쉐)	Spumante (스푸만테)	Cava(까바)

* 독일어 = 바인(Wein)
** 부르고뉴는 포도밭의 소유주가 한 명인 경우는 거의 드물다. 따라서 한명이 소유주인 포도밭에는 모노폴(Monopole)이라고 따로
  표기한다.
*** 샴페인의 경우

2. 국가별 등급제

화살표 방향으로
높은 등급의 와인

프랑스	이탈리아	독일	스페인
AOC/AOP	DOCG	Prädikatswein	Vino de PAGO
			DOCa
VDQS	DOC	QbA	DO
VdP	IGT	Land Wein	VCIG
VdT	VdT	Tafel Wein	VdM

3. 와인 용어

AOC_ 아펠라시옹 도리진 꽁트롤레(Appellation d'origine controlee)

프랑스의 원산지명 등급체제로 1930년대에 그 형태를 갖추어 전 세계적인 원산지 등급체제의 원형이 되었다. 특정 지역이나 마을명을 사용하려면 몇 가지 조건을 만족시킬 경우에만 가능하다. 와인에 사용된 포도들이 그 지역에서 재배된 것이어야 하고, 포도품종, 포도의 숙성도, 와인의 알코올 도수, 포도농장의 총생산량 그리고 재배방식, 모두 규정을 따라야 한다.

Aperitif_ 아페리티프, 식전주

식전에 식욕을 돋구기 위해서 마시는 모든 음료

aroma_ 아로마

포도에서 나는 신선한 과실향 만을 의미하여 오크통 또는 병 안에서의 숙성 과정을 통해서 생성된 향인 부케(bouquet)와 구별된다. 하지만, 정확하게 구분하여 사용하지 않기 때문에 아로마와 부케 모두 같이 사용한다.

Auslese_ 아우스레제

독일 Qmp 등급. 'Select Harvest'로, 즉 '선택된'이란 뜻으로 해석할 수 있으며, 포도들 중에서도 좋은 포도만을 선별하여 늦게 수확하여 아주 스위트한 와인이다.

balance_ 균형

와인의 산도, 알코올, 탄닌 및 다른 요소들의 조화로운 관계를 묘사하는 의미이다. 비슷한 스타일의 와인 두 개 중에서 하나를 더 선호하게 된다면 그 이유는 아마도 전체적인 맛의 균형이 한 쪽이 더 탁월했기 때문일 것이다. 뒷맛과 함께 좋은 와인을 결정짓는 중요한 요소 중 하나이다.

barrel-fermented_ 오크통에서 발효된

오크통에서 발효된 경우를 지칭하는 단어이다. 모든 와인이 오크통에서 발효되는 것은 아니다. 오크통에서의 숙성과 발효를 혼동해서는 안 된다.

보르도와 부르고뉴의 퀄리티 와인. 그리고 최상급 신세계국가 와인인 경우에는 새 오크통에서 발효한다. 중급 와인과 고급 샴페인의 경우에는 몇 번 사용한 오크통에서 발효시킨다. 새로운 통들은 와인에 많은 오크향을 가미하게 되고, 오래된 통은 보다 적은 향을 가미하지만, 스테인리스스틸보다는 많은 산소와의 접촉을 유발하여 향과 맛이 보다 복합적으로 나타나게 한다. 오크통에서 발효 과정을 거친 와인은 그저 오크통에서 숙성된 와인보다 더 복잡하고 미묘한 맛을 갖게 된다.

barrique/ barrel_ 오크통

프랑스 보르도 지방에서 225리터(50 gallon)짜리 오크통을 이르는 말이다. 일반적으로 영어권에서는 작은 오크통을 의미하는데, 특히 새로 만든 오크통을 말한다.

Beereneauslese_ 베렌아우스레제

독일 QmP등급이며 귀부 현상이 나타난 포도로 만든 와인이다. 이 스타일의 와인들에서는 (아이스와인을 제외한) 다른 스위트와인에서 맛보기 어려운 오묘하고 우아한 맛이 있다.

blanc de blanc_ 블랑 드 블랑

스파클링 와인을 설명할 때 사용하는 용어로 화이트와인 품종(샤르도네)으로만 만든 샴페인 혹은 스파클링 와인을 말한다.

blanc de noir_ 블랑 드 누아

스파클링 와인을 설명할 때 사용하는 용어로 레드와인 품종(피노 누아, 피노 뮈니에)으로만 만든 샴페인 혹은 스파클링 와인을 말한다.

Blind tasting_ 블라인드 테이스팅

시음을 하는 사람이 시음노트를 적고 점수를 주기까지 와인명이 공개되지 않는 경우를 의미한다. 병모양도 와인의 선별에 영향을 미치기 때문에 종이나 주머니로 와인병을 가리고 시음한다.

Botrytis_ 보트리티스

곰팡이를 일반적으로 지칭하나 botrytis cinerea의 약어로도 쓰인다.

botrytized grape_ 귀부화된 포도

곰팡이에 의해 썩은 포도(rotten grape)이다. 특히 귀부현상이 나타난 포도를 지칭할 때 사용된다.

bottle-age_ 병 숙성

시음되기 전까지 와인이 병 안에서 보낸 기간을 말한다. 병 안에서 충분히 숙성된 와인은 매우 부드럽다.

breathing_ 브리딩

와인을 마시려고 코르크를 딴 상태에서 일어나는 공기와 와인과의 상호작용하는 과정이다. 주로 숙성이 덜된 와인을 마실 때 브리딩을 충분히 시키면 와인의 향이 풍부해진다.

Brut_ 브뤼

주로 스파클링 와인의 당도를 묘사하는 경우에만 사용하는 용어로 아주 드라이한 경우를 의미한다. 그러나 아주 드라이한 와인도 약간의 당분이 있는 것은 사실이다. 브뤼인 경우에는 1리터당 당분이 1.5% 이내. 참고로 달콤한 스파클링 와인의 경우에는 (Doux로 표시) 5% 이상의 당도를 갖는다. 브뤼보다 더 드라이한 샴페인의 경우 Extra-Brut(엑스트라 브뤼)라고 한다.

cask_ 나무통

나무로 제작된 와인통을 말하며 와인의 발효와 숙성에 사용된다. 다양한 크기로 제작되지만, 주로 60갈론(230리터)과 132갈론(500리터) 사이의 것들이 만들어진다. 일반적으로 가로로 놓고 사용하는 나무통은 cask라고 칭하나, 수직으로 세워 사용하는 것은 vat라고 부른다.

caudalie_ 꼬달리

와인을 삼키거나 뱉어낸 이후에도 계속되는 와인의 미각, 후각적 자극의 길이를 측정하는 단위. 1caudalie = 1초

cave_ 꺄브

① 주로 지하에 설치되어 있는 와인 저장고
② 광의로 개별 포도원이나 공동 생산 조합을 뜻하기도 함

chapeau_ 샤뽀

발효 중인 포도즙의 위로 떠올라 '모자'를 형성하는 포도 씨와 껍질을 지칭한다.

château_ 샤또

주로 프랑스 보르도 지역에서 많이 쓰이는 표현으로 포도원과 와이너리를 뜻한다. 프랑스의 영향으로 전 세계 다른 지역에서도 많이 사용되고 있다.

claret_ 끌라레

보르도 레드와인을 일컫는 영어 표현이다. 프랑스어 표현 clairet와 같은 뜻이다.

classico_ 끌라시코

① 이탈리아에서 특정 와인 생산지역의 유서 깊은 곳

② 이탈리아 해당 DOC내에서 보다 엄격하게 규정된 지역

classified growth_ 등급 분류된 와인 혹은 포도원

보르도 특히 메독의 포도원 중 1855년 등급 구분에 의해서 최상급의 와인을 생산하는 포도원으로 선정된 것 주로 고가의 고품질 와인을 생산하고 있다.

climat_ 끌리마

주로 프랑스 부르고뉴 지방에서 사용되는 개념으로 특정 포도밭을 뜻한다.

Clos_ 끌로

Climat의 동의어. 단지 다른 것은 이 단어는 담장이 둘러싸여 있어 경계가 명확한 포도밭을 의미하며, 확대 해석되어 포도원을 의미하기도 한다.

corked_ 감염된

잘못 제작된 코르크 때문에 와인에서 젖은 마분지, 계란 썩은 냄새 등의 케케묵은 냄새가 나는 경우를 말한다. 이런 경우에는 와인을 산 곳에 가서 반품 또는 교환이 가능하다. 한 병에서 이런 코르크 냄새가 난다고해서 다른 것들도 모두 같은 냄새가 나는 것은 아니다. Corked된 와인은 corky 되었다라고도 하며, 그 현상을 corkiness라고 한다.

côte/côtes_ 언덕

언덕 또는 언덕에 인접한 구릉지대

cru_ 크뤼

특정 포도원에서 생산된 고품질 와인을 지칭할 때 사용되기도 한다.

cru classé_ 크뤼 끌라세

굉장히 프랑스적인 개념으로 일정 지역이나 AOC 안에서 생산되는 와인의 품질을 구분하기 위한 순위 등급

cuvaison_ 뀌베종

레드와인의 발효 기간 중 포도 껍질과 씨 등 고형물을 포도즙에 담아 두는 과정. 발효와 같은 기간에 일어나며, Maceration이라고도 부른다.

cuve_ 뀌브

발효과정에서 사용되는 통과 탱크. cuvée와 혼동되지 말아야 한다.

cuvée_ 뀌베

원래는 특정 cuve나 vat의 와인을 의미. 요즘에는 블렌딩한 와인을 말함. 즉, 여러 vat의 와인이 혼합된 상태로 샴페인 제조과정과 관련해서는 최초의 포도즙을 일컫는 말이다. tete de cuvée(뗏 드 큐베)는 와인 생산자의 포도즙 중

에서 최상품을 의미

DOC_ 디오씨

프랑스의 AOC와 비슷한 이탈리아의 등급 인증 기준(Demoninazione di Origine Controllata)의 약어. 그러나 이와 동시에 포르투갈의 Denominacao de Origen Controlada의 약어이기도 하다. 이들은 프랑스의 AOC급의 와인들과 이론상으로 같은 급의 와인을 지칭한다.

DOCG_ 디오씨지

이탈리아와인의 최상위 카테고리. Denominazione di Origine Controllata e Garantita의 약어

Domaine_ 도멘

주로 프랑스 부르고뉴 지방의 포도원이나 와이너리를 말한다.

eau-de-vie_ 오드비

발효주를 원료로 하는 증류주. 대표적인 것으로 꼬냑, 아르마냑 등이 있다.

Fermentation_ 발효

효모에 의해서 포도즙 내의 당분이 알코올로 분해되는 과정

Filter_ 여과

포도즙 또는 와인에서 원치 않은 물질들을 제거하는 과정. 미생물이나 화학적으로 불안정한 요소들을 제거하여 안정된 상품을 만들기 위한 과정

Fining_ 정제과정

벤토나이트 또는 계란 흰자 등의 응고제를 사용하여 와인 중에 있는 부유물질들을 제거하는 과정. 프랑스어로 콜라쥬(collage)라고 함.

finish_ 뒷맛, 여운

와인의 맛은 와인을 마신 후 입과 목 부분에 남는 맛을 말하며 입안에 남아있는 시간(caudalie, 꼬달리)으로 평가할 수 있다. 좋은 와인일수록 뒷맛이 길다.

French paradox_ 프렌치 패러독스

1991년 미국 방송국 CBS의 60 Minutes에서 프랑스인의 역설(French Paradox)에 관한 내용을 방영했었다. 이 용어는 그 전해인 1990년에 Health지의 미국인 기자인 Edward Dolnick이 만들어 낸 신조어였고, 91년에 방영된 TV프로와 마찬가지로 프랑스인들의 심장관련 질환으로 인한 사망률이 낮은 이유를 그 골자로 했다. 프랑스인들은 높은 콜레스테롤, 알코올 섭취에도 불구하고 운동도 많이 하고 식이요법을 하는 미국인들보다 심장병으로 인한 사망률이 낮았다. 이와 같은 역설적인 상황에 대해서 두 가지 이유가 제공되었다. 하나는 지중해식 식습관, 즉, 우유를 많이 섭취하는 것이었고, 다른 하나는 와인의 섭취였다. 그러나 이 중 우유는 완전식품이기는 하나, 어른들은 이를 잘 소화해 내

지 못하므로 좋은 영양원이 아니라는 문제점이 제기되었고 연구결과 오히려 우유섭취량을 늘릴수록 심장 관련 질병으로 인한 사망률이 높아진다는 것이 밝혀졌다. 반면에 와인은 하루에 3잔 정도 마실 경우 심장에 좋다는 결과가 나왔다.

grand cru_ 그랑 크뤼

독특하고 품질이 뛰어난 원산지 또는 생산된 상품. 프랑스에서는 순위 등급을 매기는 카테고리로도 사용되고 있다.

House Wine_ 하우스 와인

일반적으로 레스토랑에서 잔 단위로 파는 와인을 의미한다. 하우스 와인은 그 레스토랑에서 제공하는 음식 대부분과 잘 어울리는 너무 맛이 강하지 않은 와인으로 저렴한 가격에 제공되는 와인이다. 품질이 낮은 싼 와인을 의미하지는 않는다.

Ice Wine_ 아이스와인(독일어 ; Eiswein)

독일에서 생산되는 와인에만 국한되어 사용하던 개념이었으나, 최근에는 신세계국가에서 생산하는 와인도 지칭한다. 이 희귀한 와인은 포도가 수도사가 기도원에 들어가 포도수확시기를 놓쳐 포도가 모두 얼어버렸다. 폐기처분을 하려다 아까운 마음에 와인을 양조해서 탄생된 와인이다.

현재 아이스와인을 만들 때 포도를 기온이 영하 7~8도 정도 내려가 포도가 언 상태에서 수확하고, 수확하자마자 바로 압착된다. 포도 내의 잔여 수분은 얼어서 고형물질로 압착기에 남게 되고 진한 추출물로는 당도와 산도가 오묘한 조화를 이루는 와인을 만들 수 있기 때문이다.

kabinett_ 카비넷

독일의 QmP등급으로 드라이한 스타일의 와인이다.

late harvest_ 레이트 하비스트

늦게 수확한 포도(즉, 당도가 높은 포도)로 만든 와인인 경우에는 이와 같은 문구가 와인 레이블에 명시되기도 한다. 이런 와인은 대부분 스위트와인이다.

Maceration_ 침용

포도 껍질과 씨를 제거하지 않은 상태로 발효하는 과정.

이때 알코올은 포도 껍질에 있는 색소, 탄닌, 향을 용해시켜낸다. 저온 침용은 발효단계 이전에 하며 주로 화이트와인 양조법에 사용된다.

Must_ 포도즙

발효과정 전이나 과정 중의 포도즙을 지칭

Negociant_ 네고시앙

무역업자나 와인 상인. 부를 축적한 네고시앙은 포도원을 소유하고 직접 와인을 만들기도 한다.

negociant-eleveur_ 네고시앙-엘르뵈르

직접 포도를 사서 와인으로 만들어 숙성 판매하는 사람을 지칭하는 말이며, 프랑스 부르고뉴 지역에 많다.

Oak_ 오크

처음에는 단순한 저장과 운반 용기로서 사용되었으나 점점 오크가 발효주에 미치는 좋은 영향이 속속 발견되면서부터 오크통은 퀄리티 와인의 필수품이 되어 버렸다. 발효와 숙성과정에 사용되는 오크통은 현재 프랑스산과 미국산을 중심으로 러시아 등 기타 국가에서 생산된다. 어디 산이 좋으냐를 따지기에 앞서 각각의 오크는 자기의 특성을 가지고 있음으로 와인메이커는 자기가 원하는 와인 스타일에 따라 오크통을 사용할 수 있다. 최고급 캘리포니아 와인은 프랑스산 오크통에서 발효 또는 숙성되는 것이 일반적이다. 스페인, 특히 리오하 그리고 호주에서는 전통적으로 미국산 오크통을 썼으나, 최근에는 프랑스 오크의 사용을 늘리고 있는 추세다. 오크 나무에는 바닐린(vanillin)이라는 성분이 있어 와인에 바닐라 향이 풍부해지도록 도와준다. 오크통에서 얻어지는 다른 향으로는 토스트향, 카라멜, 커피향 등이 있다. 오크통은 가격이 매우 높고 이를 사용했을 경우 추가적으로 다양한 절차를 거쳐야 하므로 와인의 가격도 자연적으로 높다.

Phylloxera_ 필록세라

19세기 말에 미대륙에서 전파되어 유럽 대부분의 포도밭을 황폐화시킨 진디벌레이다. 아직까지도 이 벌레의 피해를 입지 않은 곳도 있으나, 그 후 심은 포도나무는 이 질병에 면역성이 있는 미국산 포도나무 뿌리에 접목을 한 것이다.

Pigeage_ 삐자쥬

와인의 색을 더 진하게 하고 적정한도 내에서 추출물을 최대화하기 위해서 발효 중에 위로 떠오르는 적색 포도의 껍질을 밑으로 가라앉히는 작업이다.

Pupitre_ 퓌피트르

샴페인을 양조할 때 효모찌꺼기를 병목으로 모으는 과정을 뤼미아쥬라고 한다. 이때 사용하는 뤼미아쥬용 거치대를 퓌피트르라고 하며, 삼각형모양이다.

Racking_ 통갈이

발효통이나 숙성통에서 다른 통으로 와인의 맑은 부분만을 옮기는 작업. 침전물을 제거하기 위한 목적, 와인에 산소를 공급하기 위한 목적도 있다.

Remontage_ 흐몽따쥬

색, 추출물, 탄닌을 최대한 추출해 내기 위해 발효 중인 와인을 통 하단의 출구를 통해 뽑아 상단에 다시 펌프질해서 다시 부어 넣는 작업이다.

remuage_ 뤼미아쥬

상파뉴 지방의 샴페인 생산방법의 주요한 과정 중 한 단계

병을 규칙적으로 진동, 회전 시켜 2차 발효 중에 생긴 고형물(주로 효모 찌꺼기)을 병목에 모이게 하는 작업을 말한다.

reserve/reserva/riserva_ 리저브

유럽에서는 합법적인 조건하에서만 레이블에 명시될 수 있는 용어로 같은 해에 생산된 포도로 만든 다른 와인보다 오래 숙성시켜 생산한 와인에 사용된다. 일반적으로 다른 와인들보다 높은 가격에 팔리는 것이 사실이지만 품질도 비례하지는 않는다. 반면, 신세계국가들은 reserve, private reserve, proprietor's reserve 등의 용어를 표기하지만, 대부분의 경우 좋은 와인에 이를 붙이는 것이 일반적이다.

sulphur dioxide(SO₂)_ 아황산방부제

소독제로 일반적인 편견과 달리 와인에 유용한 물질이다. 그러나 너무 많은 양이 사용되는 경우에는 와인의 맛을 버리고 두통을 유발하는 것은 사실이다.

Super Tuscan_ 슈퍼 투스칸

1980년대에 이탈리아의 vino da tavola급 와인 중 까베르네 소비뇽 품종을 사용해 생산한 고급와인을 지칭하기 위해 만들어진 신조어. 포도품종에 관한 DOC의 규정을 준수하지 않았기 때문에 DOC급에 속하진 않지만, 토스카나 지역에서 전통적으로 사용되던 산지오베제 포도로 만든 와인보다 품질이 우수하고 가격이 높은 것이 특징이다.

tannin_ 탄닌

포도의 씨, 껍질, 그리고 줄기 또는 오크통의 재료가 되는 오크나무에 포함되어 있는 페놀 성분으로 와인 생산과정을 통해 와인에 첨가되는 성분이다. 탄닌이 많은 경우에는 덜 익은 감을 먹었을 때와 같이 입이 마르고 텁텁한 느낌을 받게 된다. 그러나 이 탄닌이 중요한 이유는 와인의 오랜 숙성 가능성과 직접적인 관계를 갖기 때문이다. 탄닌은 방부제로 작용하게 되고 따라서 와인에 탄닌이 많이 함유된 경우에는 와인이 쉽게 변질되지 않고 복합미를 지닌 와인으로 바뀌게 된다.

Tastevin_ 타스트뱅

주로 부르고뉴 지방에서 사용하는 시음용 은제 용기. 와인 상인들이 직접 와인 저장고나 생산지를 방문했을 때 사용했던 것으로 다른 잔들과 달리 깨지지 않아 선호되었던 것이다. 이 잔(잔이라기보다 접시에 가까운 모양)은 다양한 무늬가 새겨져 있는 낮은 용기이다. 가운데는 불룩하게 올라온 형태로 되어 있어 와인이 가장자리로 몰리게 되는 구조를 갖는다. 이것이 사용되었다는 기록은 14세기에서부터 있으나, 15세기가 되어서야 많은 문서들에 등장을 한다. 그리고 17세

기 이후에는 거의 만들어지지 않았다.

TBA_ (독일어) Trockenbeerenauslese의 약어

Beerenauslese에 사용되는 포도보다 더 건조된 포도를 수확하여 만든 와인을 포함하는 등급. 귀부현상에 걸려 건조된 포도만을 엄격한 선별과정을 통해 손으로 수확하여 만드는 와인으로 이름과 달리(trocken: dry) 매우 스위트한 와인이다. 색깔은 황금빛이 도는 황갈색이고, 굉장히 달고 끈적함이 느껴질 정도의 점도를 지녔으며, 매우 복합적인 향을 갖는다.

Vinification_ 양조

양조와인을 생산하는 전 과정을 이르는 말

Vintage_ 빈티지

와인의 생산연도. 빈티지 와인은 특정 해에 수확된 포도로만 생산된 와인을 의미한다(EU에서는 같은 해에 수확된 포도가 적어도 85% 이상 사용되어야 한다는 규정을 설정해 놓고 있다). 하지만 이때 사용되는 포도의 품질은 천차만별이기 때문에, 상등급 와인을 지칭할 때 빈티지 와인이라고 하는 데는 문제가 있다고 할 수 있다.

Viticulture_ 포도재배

포도재배 전반을 일컫는 말

vitis vinifera_ 비티스 비니페라

전통적으로 와인 생산에 사용되는 포도품종을 이르는 학명. 까베르네 소비뇽, 샤르도네 등. 이 품종 외에도 와인양조에 쓰이는 포도품종에는 미국 포도종 Vitis Labrusca가 있으나, 전혀 다른 향과 특징을 지녔기에, 좋은 와인의 원료로는 사용되지 못하고 있다.

Yeast_ 효모

모든 와인 생산에 있어서 절대적으로 필요한 곰팡이류. 효모는 다양한 효소를 생산해 내는데, 그 중 22가지는 발효과정을 완성시키는데 필수적인 요소들이다.

참고문헌

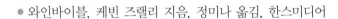

- 와인바이블, 케빈 즈랠리 지음, 정미나 옮김, 한스미디어

- 와인의 교본, 코지마 하야토 CWE 지음, 다니구찌 기요미 CSW 옮김,
  정원희 CSW감수, 교문사

- 오즈 클라크의 와인이야기, 정수경 옮김, 푸른길

- 부르고뉴 와인, 실뱅 피티오·장 샤를 세르방 지음, 박재화·이정욱
  옮김, 바롬웍스

- 와인 테이스팅의 이해, 마이클 슈스터 지음, 손진호·이효정 옮김, 바롬
  웍스

- The Wine Bible, Karen MacNeil, Workman Publishing

- How to Taste, Jansis Robinson, Simom & Schuster

■ 저자 소개 ───────────────────────────

이자윤

현) 백석예술대학교 외식학부 부교수
    한국외식음료개발원 소믈리에 및 바리스타 심사위원
    한국외식음료개발원 워터소믈리에 분과장
    WSET Level 3 (Pass with Distinction)

세종대학교 호텔관광경영학 박사
경희대학교 마스터소믈리에 와인컨설턴트과정 수료
CIVB 보르도와인 마스터과정 수료
독일 GWA(German Wein Academy) 연수
프랑스 보르도 CAFA & 부르고뉴 CFPPA 연수
남아공 Cape Wine Academy 연수

2015년, 한국음식관광박람회 식음료 경연대회 와인소믈리에 부문 심사위원장
2013년, 2017년 Berliner Wein Trophy 심사위원
2017년, 2020년 Asia Wine Trophy 심사위원

워커힐 외부사업팀 근무
와인 수입업체 마케팅 & 와인교육담당

주요저서 : 와인과 음식(2021), 백산출판사
              The Sommelier of Water & Tea(2021), 창지사

와인과 소믈리에론

2014년 3월 10일 초   판 1쇄 발행
2023년 3월 10일 개정4판 2쇄 발행

지은이 이자윤
펴낸이 진욱상
펴낸곳 백산출판사
교   정 편집부
본문디자인 신화정
표지디자인 오정은

등   록 1974년 1월 9일 제406-1974-000001호
주   소 경기도 파주시 회동길 370(백산빌딩 3층)
전   화 02-914-1621(代)
팩   스 031-955-9911
이메일 edit@ibaeksan.kr
홈페이지 www.ibaeksan.kr

ISBN 979-11-6639-148-4 93570
값 25,000원